是谁出的题这么难，到处都是正确答案

邱天 著

中信出版集团 | 北京

图书在版编目（CIP）数据

是谁出的题这么难，到处都是正确答案 / 邱天著
. -- 北京：中信出版社，2019.4
ISBN 978-7-5217-0092-3

Ⅰ. ①是… Ⅱ. ①邱… Ⅲ. ①人生哲学—通俗读物
Ⅳ. ①B821-49

中国版本图书馆 CIP 数据核字（2019）第 028395 号

是谁出的题这么难，到处都是正确答案

著　　者：邱天
出版发行：中信出版集团股份有限公司
（北京市朝阳区惠新东街甲 4 号富盛大厦 2 座　邮编　100029）
承 印 者：北京通州皇家印刷厂

开　　本：880mm×1230mm　1/32　　印　　张：8.5　　字　　数：130 千字
版　　次：2019 年 4 月第 1 版　　印　　次：2019 年 4 月第 1 次印刷
广告经营许可证：京朝工商广字第 8087 号
书　　号：ISBN 978-7-5217-0092-3
定　　价：49.00 元

邱天让我知道，
文字不只是一撇一捺，
是后面的知道和做到，
是后面的真情和无情，
是看世界、看人心的那双眼睛，
是用智慧，在繁复中，看到的清明。
最终，
是那个灵魂，在泥泞和黑暗里，
向光生长的旅程。
我何其有幸，
在光的起点，和她一起，
看到那些无处安放的爱，和无所适从的自我，
看到那些面对不幸的泪水，和改变世界的征程。
最终，
看到一个敏感的小女孩的外表下，那些无畏和勇气。
希望你和我一样，
透过文字，
看到 Autumn 的这些一撇一捺，
搭起的那个“人”字。

——盖茨基金会中国首席代表　李一诺

接受生活的不完美，
接受自己的不确定，
接受当初的不聪明。
并因此，
我们能够修正未来的选择。

沉默寡言的I，并非没有想法。
直言不讳的T，并非冷酷无情。
热泪盈眶的F，并非是想“作”。
重度拖延的P，并非习性懒散。

在不影响工作的情况下，给予个性的空间。
我未必总能做到，但是如果试试去了解、去谅解，
会发现接受别人，会让对方舒服很多。

目 录

第三章 109 我在麦肯锡学到的智慧

第四章 175 那个对的人，是个成年人

第五章 215

职场妈妈的怕和爱

自 序

我在业余时间写作公众号“清醒贪心记”，最有满足感的，并不是出过几篇10万+，而是不少读者称我的文章是“化解焦虑的神器”。

这正是我写作的初衷，尽我所能地将认知与方法讲得清晰易懂可操作。我也希望这本书能起到这个作用——在这个焦虑的世界中，让你离自在感、高效率、掌控力更接近一些。

两种经验

追求成效

我的简历中有些好看的标签，譬如名校，复旦大学（本科）、北京大学（硕士）、宾夕法尼亚大学沃顿商学院（MBA）；譬如名企，从麦肯锡到亚马逊，从创立4年就在纽约上市的创业公司首席营销官，到软银中国领投天使和A轮的公司创始合伙人……

我说这些标签，你读这些标签，似乎很功利，却只是因为这世界信息冗杂，需要一些简洁的方法帮助我们快速筛选。

那么，在世俗意义上，我见识过许多优秀的伙伴，我所领略与领悟的方法论，或许值得一听。

关于人生成效的管理，方法是存在的、可学的。在麦肯锡7年的训练中，在职场与生活的历练中，我意识到在幽深的丛林里，有一条条隐约的路径。

让我讲给你听，因为我见过，我试过，我成功过。

面对焦虑

30岁那年，我离婚了。有两三年，我满脑子都是负面情绪，诸如：

- 自我怀疑：我的婚姻为什么会出问题？我怎么能做出这等蠢事？（即使我觉得是对方的过错，也是我自己选错了）。
- 患得患失：我选择离婚是对是错？我以后会不会后悔？我后悔了该怎么办？
- 在意别人的目光：天哪，我父母怎么受得了，他们会怎么想，别人会怎么想他们，别人会怎么想我？

多年以后，我意识到，这场“失败”对当时的我而言，是发生过的最好的事。

如果30岁前有人问我，幸福是什么、如何获得幸福，答案大概会是“努力努力努力，争取一直成功”。

可是，如果有人失败、失业、离婚、失去过，就一辈子告别幸福的可能了吗？

我渐渐明白，掌握幸福不是依靠永不失败地一直向前，而是依靠接受打击、接受失望、接受自己、接受不完美、接受不确定，接受这一切一切，而后依然一直向前。如此我们才将幸福感掌控在自己手里，而非指望天资、命运甚至努力带来的永恒顺境。

在后来的日子里，我变得勇敢，愿意试错，能够面对选择的结果了。

三个关键词

达利欧在《原则》中写道:“没有什么比‘明白现实世界如何运作’并且‘如何应对它’更重要的事。”那么，我这本书所分享的，就是我觉得“这世界是怎么回事”以及“如何应对它”，话题涉及职场成长、情感、孩子教育、人生选择等。

其中有三个反复演绎的主题。

选择

少年时的成长方向，是单线程的、追求向上的。简单而言，高考成功就是衡量指标。时至今日，只不过把目标从国内名校变成了全球名校。以常青藤学校为代表的全球名校更注重孩子的全面发展，所以大家又一起追求这种全面发展。

我们来到人生中场时却发现，人生的幸福与快乐，是多元丰富的，是没有正确答案的。告别统一的人生追求，告别与人比较的心态，发现自己的渴望，找到自己的节奏，学会做出自己的选择，是人生必修课。

试错

错，有代价，不好受。无论我们如何定义幸福与成功，我们都希望减少曲折。然而，我渐渐懂得，指望不遇到重大挫折，未免对世界的复杂与艰难缺乏敬畏。那么，如果我们注定会犯错、注定会遗憾，如何学会与之和解，如何勇敢试错，如何自省成长，是另一门必修课。

练习

我的信念是，人生有方法，人生无捷径。

柔性的能力，诸如“如何有效沟通”“如何简化问题”，可能不像数学公式般精准、清晰，却依然有可操作、可学习的技巧。有个编剧朋友告诉我，好莱坞编剧有个套路，称作“欢乐时光”——在悲剧中渲染一段淋漓尽致的欢乐，黑暗降临时你才能感到疼痛，正如《美丽人生》《泰坦尼克号》前半段的极致浪漫。

看起来无迹可寻的艺术创作如此，人生中诸如沟通、学习、成长这些微妙的话题亦是如此。

然而，任何技巧都不能直接化腐朽为神奇，所有的方法论，我期待你挑选几条去试试，然后内化成适合自己的、驾轻就熟的功力。

时至今日，人到中年、职场妈妈的我，依然身处焦虑易感人群之中。而在这本书里，我希望分享关于职场、婚姻、养娃、自我管理的理念和方法。

我希望告诉你，在做出自己的选择时，我们就是在通向正确答案的路上。选择才有后果，有后果才有反馈，有反馈才有领悟，有领悟才有精进。

在这本书里，我写的每一个故事都是真实的，每一个道理我自己都相信。“真实”未见得就是“好”或者“有用”。我强调真实，因为技巧高超的作者可以鼓励人们努力，找到许多个靠汗水与坚毅取得成就的案例，同时又可以世故地说努力没用，找到许多个功夫负了有心人的故事。

那么，让我讲给你听，我所真正见过、练过、相信的故事。

2019 年 2 月于北京

第一章

是谁出的题这么难

人生是一道又一道选择题。
这意味着，人生没有标准的统一答案，
它是在茫茫宇宙中设立的个人目标、厘清的资源条件，
然后再进行持续地判断、执行与改进

人生没有标准答案

18 岁那年，我懵懵懂懂地选择了经济学专业，一学七载，直到北大硕士毕业。我曾经以为“经济学”是研究金钱的学科，后来才发现它其实是一门关于“规则与人性”的科学。金钱，只是游戏的一种分数，比起“美貌”“快乐”“成功”之类，货币更容易被度量而已。

在经济学中，人所追求的被定义为“效用”，可能指金钱，也可能指快乐、梦想、成就感等。而经济学科，就是研究在资源相对稀缺的情况下，个人、企业、国家等各类主体如何追求效用最大化的过程。

随后十多年里，当我开始面对更多重大选择、思考人生意义时，也许因为早年的经济学训练，我很快地意识到，人生是一道资源配置的选择题——当拥有禀赋（资源、天分、财富、时间、品格、意志等）时，我们如何追求自己的效用最大化。

这一道道选择题就构成了我们的人生。

01_

经济学中有一个非常经典的场景，用来解释经济学研究什么问题：假设鲁滨孙漂流到孤岛，他手上有粮食，他的问题是，粮食并不是无穷无尽的，他只有那么多。他该怎么办？就像我们只有那么多时间，生命只有这样的长度，我们该怎么度过这些光阴。

资源是稀缺的，更复杂的是，资源并不是只有一个用途。如果这些粮食只有一个用途，就是被吃掉，那么要解决的只是一个技术问题，即如何让同样的粮食生产出更多粮食。如果我们的时间只有一个用途，例如扫地，那么人生就会成为一个效率问题，即如何尽快清扫干净更大面积的地。然而鲁滨孙可以选择把一部分粮食吃掉，一部分种植下去，换成明年更多的粮食；他也可以选择一部分用来喂鸡，这样有鸡蛋和鸡肉吃；等等。就像我们的人生，时光可以用来读书、工作、照顾家庭、娱乐休闲；我们可以选择不同的专业、不同的工种，与不同的人恋爱；我们可以在不同活动上选择分配不同比例的时间与精力，也可以选择在生命的某个时间点做或者不做些什么。

因为变量复杂，因为不确定性，因为我们的感受会改变，因为信息不对称，这些决策沿途还会一直改变。所以你看，人生是一道道选择题。在我们有限的“所有”中，在大量的不确定性中，去追求效用最大化的自我。

02_

36 岁时，我从麦肯锡咨询师转行做起了互联网行业的营销和运营。这个角色的主要任务可以概括为："让产品长大"，让更多人喜欢、使用，并为之付出。

我开始学习这个领域究竟要怎样达成目标，我很快发现，它包括一系列工具与方式。作为互联网用户，我们对这些做法并不陌生：可能是投放一个广告，让我们看到、喜欢、点击；可能是发送一个红包，让我们觉得心动，并愿意为之尝试新品；可能是一个等级，像航空与酒店的金卡，让我们愿意忠诚地使用，积攒更多里程，换取免费的行程和贵宾特权；也可能是一场大促打折，像"双十一"般轰轰烈烈，吸引我们围观并参与一场盛世狂欢，然后"剁手"。

每种手段与方法都可以精益求精、持续优化。例如，广告怎么更有效、会员等级设计如何更科学合理，其中都有无数的技术与经验需要学习与摸索。但是，一个首席营销官最具挑战性的任务，并不是怎么把每一个具体的手段做到极致，而是"我在何时应该投入多少资源来做何事"。当我就这么多预算、时间、人力时，我应该发红包还是打折？应该拼命烧钱做增长，还是稳扎稳打做赢利？应该注重新用户获取，还是提升老用户留存？

在营销层面，我们将这种资源分配称为策略；在公司发展层面，我们称为战略。而站在人生的舞台上，我们每个人都是自己生活战略的制定者与执行者，都是这幕演出的主角、导演与制片人，都是这个生命、事业与家庭的 CEO（首席执行官），我们面对的正是这样一道道选择题。

03_

2018 年，我再次搬家。长大成人，离开学校宿舍和父母家之后，我在八九个地方各住过半年以上。我也一直住着中等水准的房子，既不是太豪华，也不是太简陋。我背着自己不肯随遇而安的小灵魂，每到一个地方，都希望让自己舒适愉快，也试图通过装修打造美好的生活空间。依照当时的预算和偏好，我认真地选择过墙漆的颜色、窗帘的花纹、家具的质地、灯具的样式。在移动互联网时代，你想要的一切元素都可以在网上找到并下单。

然而几经实践，我明白了，最重要的并不是买到一张好看的书桌，或是铺上好看的地毯。一个住宅最终你是否喜欢，依然是有限资源下的选择题。

第一个考虑的因素，是你选择想要什么样的家，不管你是否请得起全世界最好的设计师。“好”是无穷无尽的，“美”是多种多样的。

再顶尖的设计师，若是不了解你的需求，也很难尽如人意。他也许做出了一个极简风格的空间，空空荡荡，十分高大上，而你想要的，却是一个温暖随意的空间，孩子和老人可以不用感到进了高级餐厅那样拘束。

第二个考虑的因素，是在手机屏幕上触手可及的来自全球的美好单品，该如何组合在一起。即使你买得起全世界最昂贵的家具，将它们放在一起，也未必协调。

第三个考虑的因素，是当预算和时间都有限时，你怎么运用这些资源。当时间有限时，是委托外包，是找父母或先生来监工，还是干脆改日再搬家？是这段时间咬咬牙拼了，天天熬夜也要亲力亲为，还是马马虎虎先搬进去再试图改进？

生活，并不是一道只求最多、最好、最快的技术题，它依然是一道鲁滨孙孤岛的选择题，即你该要什么，你该做出怎样的选择。

04_

曾经，高考是一件辛苦的事情，而它最轻松之处在于，你不必做太多选择。你只需单纯练技术，拼命在指定范围内提高成绩即可。然而有一天，离开了考场，你迟早会发现，这个世界不再有唯一的终极目标。在一个安静的夜晚，你可以选择刷一部电影、饮一杯红酒，在微醺中流下感动的泪水，发一条朋友圈，获得一些人生的恣意；你也可以学习一门与职业相关的网络课程，提升自己的技能；你当然也可以选择陪伴孩子，练琴或是玩耍，同样又收获美好。

你忽然有了无边的自由。然而，这世间并没有真正无边的自由。小聚之时，不能陪伴孩子；看电影时，不能把一个棘手的工作问题再次思考打磨；加班加点时，又不能去健身房把健康生活进行到底。

当到处都是正确答案时，忽然就没有了正确答案。

你是自己的 CEO 和鲁滨孙。你大权在握、踌躇满志，你又有多重目标、资源限制。你该怎么办？

05_

面对这一道道选择题，我常常陷入纠结。这纠结中蕴藏着贪心，我们想要更多、更多、更多，也正是这种贪心推动我们不断向前。而所谓美好的人生，其实需要保持清醒。我们要懂得资源有限，要接受每种选择必然有机会成本，要明白获取信息的成本、知识技能的边界与未来的不确定性等因素，会让我们随时遇到选择错误的风险。

在一路做选择题的过程中，我一直试图寻找一个配方，一个可以帮助鲁滨孙做出决策的公式。而这个幸福公式就是——自知、自律、自省。

自知，是我们穷其一生需要补足的功课，是一切幸福的前提。从小，我们花费大量时间去探索外部世界。我们必须背出马里亚纳海沟的深度和喜马拉雅山脉的高度，我们要大致明白波粒二象性的含义，或者院子里有两棵枣树的潜台词。而我们自己是谁，我们想要什么，似乎是触手可及的答案：想要更美丽、更聪明、更健康、更快乐、更有趣、更有钱、更幸运……

然而，自我真的是一本打开的书，明明白白地摊在自己面前吗？我想要的，真的是我想要的吗？

自律，就是当我已经知道自己想要什么，我能管得住自己去追求、去执行吗？

少年时，我们常听说一种论断：“他（她）不过是用功。”似乎通过勤奋坚毅而取得的成就，只要想要，谁都可以拥有。长大后我们才明白，管得住自己，是一种了不起的能力。它意味着能专注地学习，能克服其中的无聊与无趣，能在生涩与挫折中保持前行的动力，能在疲劳时不放弃。与所有的天赋和能力一样，这也是一种了不起的天赋和能力。

而自省，是因为上述一切都在动态过程中。人生会不断出现新的问题，我到底想要什么，这种想要也会发生改变；选择如何达成目标，方式会不断修正调整——这就是成长的过程。

当我们不断接近知道自己想要什么，不断能管得住自己时，我们才能更加接近幸福。

06_

人生是一道又一道选择题。这意味着，人生没有标准的统一答案，它是在茫茫宇宙中设立的个人目标、厘清的资源条件，然后再进行持续地判断、执行与改进。

我探索自知，练习自律，不断自省，并希望终有一日，能成为一个做出正确选择的人。

人世繁华，生命绚烂，我们终究只能活出自己的颜色。

哪怕拿到一手烂牌

一个朋友离婚了。

女孩冷静麻利，发现对方出轨的两天内，手起刀落，谈判结束，老公就此变成前夫。

夜深人静时，想来也哭过。独自带娃，前路还须翻山越岭。而我与她见面时，她只轻轻说了一句，“就当青春喂了狗”。我们一生面对许多重大的选择，那些没结的婚，没做的工作，没买的房子……有多少次，我们会选错，感叹“我把青春喂了狗”；未来又会有多少次，站在门槛前惶恐：日薄西山的青春啊，这把色子投下去，是吉是凶。

可我知道，虚掷过光阴、感情、财富这些珍贵的东西后，我们会更接近幸福。

01_

有很长一段时间，我以为，选择可以事先做出科学决策。因为我们在麦肯锡就是这么被训练的。

做出科学决策最常用的方法之一是评分卡，即列出评分原则，再根据这些原则给每个选项进行打分。

例如，三个工作机会，列出四个原则（行业、公司、岗位、薪酬），借此评判吸引力：3 分表示很好，2 分表示好，1 分表示一般。计算一下平均分，这样工作 C 以最高分胜出。

	行业	公司	岗位	薪酬	平均
工作 A	3	3	1	2	2.3
工作 B	2	2	2	2	2.0
工作 C	2	2	3	3	2.5

看起来这个方法特别科学，一方面系统性地确认了评判原则，另一方面系统性地归纳出了每个选项的事实信息。

我用这种方式决定过客户应该收购哪个企业，进入哪个城市，砍掉哪些 SKU（stock keeping unit，库存量单位），给哪些供应商优惠费率……

我们其实可以“操纵”数据，改变评分结果。

方法（一），仔细想想，觉得工作 A 的“岗位”也不是那么差，把它打高 1 分，于是工作 A 挺好。

	行业	公司	岗位	薪酬	平均
工作 A	3	3	2	2	2.5
工作 B	2	2	2	2	2.0
工作 C	2	2	3	3	2.5

方法（二），或许评分不够细腻，其实工作 A、B、C 选项间的差距并没有 1 分那么多。分成 1.0、1.5、2.0、2.5、3.0 五个档次后重新打分，工作 A 就胜出了。

	行业	公司	岗位	薪酬	平均
工作 A	3.0	3.0	1.5	2.5	2.5
工作 B	2.0	2.0	2.0	2.5	2.1
工作 C	2.0	2.0	2.5	3.0	2.4

方法（三），决定因素并不是同样重要。如果给各个因素加上权重，行业与公司前景最为重要，岗位与薪酬次之，那么工作 A 战胜了工作 C。

	行业	公司	岗位	薪酬	加权平均
工作 A	3	3	1	2	2.5
工作 B	2	2	2	2	2.0
工作 C	2	2	3	3	2.3
权重	40%	30%	20%	10%	100%

可是，薪酬真的那么不重要吗？如果薪酬的权重稍微增加一点，工作 C 再次胜出。

这样的情况，我们称为“Garbage-in-Garbage-out”模型，即“输入无效信息，输出无效结果”。

当计算繁复、假设较多时，输入太多的要素具备不确定性，导致最终输出的结果不可信赖。

自我是复杂的。你怎么知道“薪酬”对你的重要性究竟是10%还是20%？

世界是复杂的。你又如何精确评判某个“岗位”是2.5分还是3.0分？

最好的办法是用数据检验，而人生没有重复实验的机会，又哪来那么多数据呢？

我们当然希望尽可能得出客观结论。只是，人们难以预见所有的可能、收集所有的信息、保持极致的客观。最终，依然要凭借内心指引与常识判断做出决定。

02_

经过许多场天人交战，我终于明白，幸福，并非永远“选对”，若认为自己英明睿智，可以永远选对，未免对世界的复杂性缺乏敬畏。

幸福，是接受“选错”。

其一，我接受，生活不完美

纠结唯一的原因在于贪心。让我们耿耿于怀的，总是那一点求全之毁。

为什么上天不给我一个有趣、有钱、有成长、压力不大也不小的工作呢？

为什么上天不给我一个帅气、聪敏、浪漫、幽默、上进、踏实、善良、体贴、有钱、有房、不忙，还爱我爱得死去活来的男人呢？

每个人手里拿到的，都是一副不完美的牌。我凭什么认为，自己可以什么都拥有、什么都想要，我又未曾拯救过银河系。

我曾听几个单身朋友抱怨过父母逼婚。通常情况是，长大成人，朋友自有择偶标准与机缘，想要选择坚持，却架不住爹妈的碎碎念和无休止的相亲安排。我总是不近人情地说，这未尝不是一种贪心。是的，我们的父母不完美，那又怎么样呢。可以顺从，找一个父母中意的人，结束悬念；也可以不屈服，同时接受父母的碎碎念，接受人生中最重要的亲密关系有所缺憾。谁的生命不是一袭爬满虱子的袭袍呢?

幸福的人生，不是期待上天给我一副好牌，而是哪怕拿到一手烂牌，也得能笑着打下去。

其二，我接受，我不了解自己

在麦肯锡工作时，每个项目周期大约都是三四个月。也就是说，咨询师每年都有几次机会可以选择接下来做什么项目。通常，这个项目苦不苦，是大家考虑的重要因素之一。不苦，意味着每天九十点下班；苦，大概凌晨两三点下班。新的客户、大牌挑剔的客户、不熟悉的领域、没合作过的领导……挑战越多，可以预判会越辛苦。

几年后，我发现，我选择项目的节奏是：苦、不苦、苦、不苦、苦、不苦……

在轻松的项目上，没过一阵儿，我会觉得缺乏挑战，没有成长，闲得浑身发痒，下次赶快跳进一个“火坑”，期待磨炼自己，不负青春。没过几周，又被缺乏睡眠折磨得不成人形、满脸痘痘，深夜对着3000行的Excel表格，痛骂自己犯贱，为什么就不能享受下班好好追剧逛街的日子呢。

好的选择，不是完美，而是适合自己——这句“鸡汤”简直放之四海而皆准。关于职场或婚姻、着装或生育，人生中大大小小的问题，每个“专家”都会建议“看你想要什么”。

可知道自己想要什么，哪有那么容易！

以为自己喜爱南方的绿树繁花，离开帝都后发现更怀念冬天的暖气。

以为自己想多陪伴孩子，清闲时才发现内心多么渴望重回前线打拼。

那么，就允许自己“选错”，把座椅调低、调高几次后，才会渐渐更了解自己。

其二，我接受，我当时就那个水平

我有好几双鞋子，非常漂亮，但不太合脚。我想，反正我上班也不怎么走路，稍微紧一点，也可以忍受的吧。等鞋穿在脚上，磨出了血泡，走一步疼一步，连地铁到小区门口的 800 米也显得如此漫长，我才知道，原来，这鞋子这么疼；原来，我这么不能忍。

我心疼自己的脚破皮，心疼自己的钱包，一如心疼那错爱过的时光，错信过的人。是的，我可以在选择时多试穿几步，多想想鞋子不舒服带来的麻烦……便不会一冲动就买了。

那就是我，当时的我，未曾具备这个心智，去克制冲动，去仔细研判。谁也没有办法拔着自己的头发飞上天空。

因为选过，我们才真切地知道穿久了是什么感受。

因为选过，我们才不惦记与那双鞋的缘分，才了无遗憾。

因为选过，我们才变成这个能够分辨对错的人。

不选，永远不知道。

03_

我从小就知道自己“选择困难”。同情星巴克的店员，不得不保持着礼貌的微笑，等我在收银机前天人交战，“大杯，哦，不，超大杯，哦，大杯，哦，超大杯”……

中学时代的衣柜中，衣服总是成双成对。同款上衣，一白一蓝；同款睡衣，一蓝一粉；同款裙子，一灰一紫……那是我妈对无法决定颜色的女儿给出的妥协与宠溺。

待我长大成人，生活不是亲妈，而我们面临的选择题，总是比衣服的颜色、咖啡的杯型更加艰难。

它们常常不能多选，或者说，多选本身也需要付出代价。

它们不能轻易改正，正如钉进篱笆的钉子，即使拔出，也会留下印痕，成为篱笆自身的一部分。

我也是在做出一个个糟糕的决定后，才渐渐懂得选择的意义。接受生活的不完美，接受自己的不确定，接受当初的不聪明，并因此，我们能够修正未来的选择。接近世界的真相与自我的真相，是一生的功课。

选错，并且接受选错，我们才更接近幸福。

人到中年何来勇气

在这个城市上空，弥漫着焦虑的空气，这点简直无须再去证明。而作为中年人、女性、妈妈、互联网行业的早期创业者，我所拥有的财富也仅仅是让自己成为“超市自由”的中产阶级，若说我全无焦虑，开玩笑呢。

你猜，人到中年，究竟哪段经历最让我骄傲，并带给我面对未来种种焦虑的勇气？让我分享下面三个故事。

- 选项 A：2000 年，我被保送北京大学研究生。
- 选项 B：2015 年，我出差误了火车，自掏 3200 元出租车费连夜赶到，没误事。
- 选择 C：2012 年，我带长辈，在纽约坐了几次地铁。

上面问题的答案是 C。

01_

2000 年夏天，北京大学中国经济研究中心（China Center for Economic Research，简称 CCER，2008 年改名为国家发展研究院）召集了一次夏令营，从全国高校选拔大约 30 个经济学本科生，在北大听课、讨论、演讲一周。

一群二十出头的学生，一座湖光塔影的校园，很容易点燃“策马奔腾，改变世界”的青春热情。夏令营最后一日，我去朗润园向老师们告别，海闻老师说：“我们决定录取你来读研。”那一刻，我内心有膨胀的幸福感。进入 CCER 后，我受到严格的训练，在一群真学霸中间练习了抗打击能力。那三年，我最喜欢去图书馆的大自习室，数百人埋着头，只闻轻微的翻书声。它让我想起《北大诗选》里那首只有一行字的诗——静，轰轰烈烈地静。

毕业后，我与许多同龄人一起进入跨国企业。在全球金融危机与移动互联网爆发前，我有着漂亮的简历，拿到了买得起房子的薪酬，那是我们的鲜衣怒马春风少年时。

然而，那个“巅峰时刻”，仅仅是时代的趋势与命运的垂青罢了。那是世纪之交，站在 WTO（世界贸易组织）门口的中国正将进入经济增长的黄金十年。“文革”后陆续出国深造的人们，开始了归国潮。以抱着两颗篮球游到此岸的林毅夫老师为首，正当盛年的经济学者，张维迎、海闻、周其仁、陈平、易纲、姚洋、宋国青、胡大源、平新乔、卢锋、汪丁丁……风云际会于 CCER，立志改变中国的经济学教学与研究方式。

我大三那年，CCER 决定第一次以夏令营的形式选拔经济学研究生，同年第一次扩招。而我报名那个夏令营，仅仅因为男朋友在北大，所以我争取一切免费去北京的机会。

若说我自己在夏令营中有什么过人之处，大约是因为我读“闲书”，有观点吧。这也因为我出生在十一届三中全会前夕，次年知识青年开始大规模返城，于是我得以在高考名额较多、高考压力不那么大的上海长大，还有纵容我胡乱读书的父母。

保送北大，我不曾为之辗转反侧，也不曾为之悬梁刺股。我们一生有许多这样的“巅峰时刻”，让我们一脚踩进命运的河流。

大风起兮，大势所趋，是时代、机缘、幸运成就了我们。

02_

2015 年初，我在亚马逊中国工作，遭遇一宗卖家与亚马逊的纠纷案。纠纷长达数月，全球与中国、法务与公关、自营部门与电商部门……邮件、电话、会议无数个回合之后，终于找到了可能的解决方案。我的任务是去客户所在城市，当面“敲定”此事。而当我赶到上海虹桥火车站时才发现，我居然去错了车站。

晚高峰时间，我无论如何都不可能及时从虹桥站赶到上海站了。正值春运前夕，当天与后面几天的所有列车、长途汽车，连站票都卖完了。没有机票，没有专车司机接单，上海各大出租车公司的调度说，没有车能今晚出省境。

我站在虹桥站，握着手机，一阵阵冷汗淋漓。

我要去解决的问题棘手而微妙，拖过春节或许又会起变化。而每耽误一天，客户与亚马逊都在蒙受经济损失。当然犹豫过是否跟老板和客户坦白说，我犯了个愚蠢的错误，我搞砸了。地球和亚马逊不会因此停止转动，我大约也不至于因此就失去工作。然而内心难以接受为这种蠢事而放弃，更怀着刚刚转行不敢掉链子的战战兢兢，我继续下载各种打车 App（应用程序），同时盘算着哪个朋友可能仗义出手，能连夜开车送我。就在这时，有司机接单了，500 公里，报价 3200 元。幸福来得太快不敢相信，我怯怯地致电司机确认，并千恩万谢。

虽然高速略堵，但我们还是在凌晨驶入了那座目标城市。我在车上睡了三个小时，后来开了一整天会，结果圆满，皆大欢喜。提着客户送我的两大只鸭子，我挤上了返程的火车。

我们每个人，大约都能说出一些这样的故事。比起保送北大研究生，这更接近“巅峰时刻”，尽管前者是潇洒的过程、漂亮的履历，后者是愚蠢的错误、狼狈的努力。

因为我知道，我会笨、会错，却也能不惜体力、不惜代价，去最终达成所愿。然而，这依然不是最让我对未来鼓起勇气的事儿。因为，3200 元对那时的我而言已不是多大的代价；熬个夜、费点力气，对于麦肯锡出身的我而言，简直是一种习惯。

若大汗淋漓，拼得只是自己所长，那么我从未真正大汗淋漓。

03_

在费城念书的时候，常去两小时车程外的纽约闲逛。纽约是一座领略不尽的城市。记得我和 Elaine（伊莱恩）第一次走出曼哈顿唐人街巴士站时，我对 Elaine 说：“我们打车吧。”Elaine 奇怪地看了我一眼："为什么不坐地铁呢？"骤然从高薪白领回到没有收入、学费昂贵的校园，我们坐最便宜的唐人街大巴去纽约，出来坐地铁是自然的选择。我答道："纽约的地铁挺麻烦的，容易坐错。"纽约地铁是并线运行的体系，在同一个轨道上跑着多条线路，站台更像我们的公交车站，所以我一定会犯晕。

Elaine 说道："坐吧，我们会搞明白的。"

Elaine 和我是两种人。她是十多年前最早离开麦肯锡的那拨人之一，她的职业路径是去创业公司，而我是在 35 岁之前只在麦肯锡工作过的人。她的人生信条之一是"这个东西再难吃，我也得尝一口"。我们去秘鲁，她就一定会尝尝当地名肴"几内亚豚鼠"，我就是那种坚决一口不吃的人。

少年时读《所罗门王的指环》，知道有一种视力不太好的小鼹鼠，一旦从 A 地到 B 地走过一条路径，就永远会走那条路，即使这条路线并非最优。

我就像那只小鼹鼠，总是去那几家饭馆吃饭，点那几个菜。去美国念书前，我也去过十多个国家，但全部是出差，周末被同事领着玩一下。我十分不能理解我先生那种兜里同时揣着 iPhone（苹果手机）、安卓手机、Windows Phone（微软手机）各一台的人，多麻烦啊。

那个日光明媚的秋天早晨，我自贴标签为：英语不好，纽约不熟，路盲，方向感差，700 元诺基亚手机使用者，对新事物有障碍，32 岁才出国读书的落后同志，极度厌恶麻烦人士。我排斥纽约的地铁，我抵触在陌生环境里去了解不一样的系统，我害怕试错。所幸天秤座的人不太坚持己见，那一天，我跟着 Elaine 扎进了地铁。

两年后，我俩最后一次同去曼哈顿，Elaine 问我："你还记得你第一次来时，不肯坐地铁吗？"我笑起来。那时我已经知道，在纽约坐地铁、在拉斯维加斯注册结婚、去南极徒步、去加勒比海驾驶帆船，也没有那么麻烦。如果选择去拥抱，我也可以改变。

曾经阻挡我的是内心打下的标签："我不行"。可是，我为什么不行？之后，妈妈和小姑到美国来参加我的毕业典礼，我独自带着她俩在美国玩了一圈儿，包括在纽约的地下铁中穿行。这实在算不得什么了不起的成就，因为我对地铁的恐惧甚至是可笑的。但对我而言，却是一个真正的"巅峰时刻"。

即使改变在三十几岁后发生，也并不算晚，永远也不算晚。

04_

这是我记忆犹新的三段经历。

在绿树红楼的朗润园，我感受过水到渠成，青春得意。

在星垂平野的高速路，我感受过驾轻就熟，计日奏功。

而在交错迷离的地下铁，我终于知道，我怕的，不是纽约地铁，我怕的，是我成年后重新面对未知的手足无措。回国 5 年后，我年近 40，不久前从一家创业公司到了另一家创业公司。在前一家经历了从 0.1 到 1，在后一家正经历着从 -1 到 0.1。一大把年纪，骑着共享单车，在中关村的大街上四处看办公场地，跟中介和物业讨价还价。我和先生开玩笑说，我在放飞自我的路上渐行渐远。

我擅长专心致志地做好项目，不擅长一边创业一边照看孩子；我擅长接受任务，指哪儿打哪儿，不擅长提出质疑、盘算这个方向该不该做；我擅长不惜代价、一掷千金地达成所愿，不擅长在创业公司盯着现金流、精打细算怎么赚钱；我擅长精益求精地追求完美，不擅长连滚带爬地到达终点……这个过程比我想象中的狼狈，也比我想象中的过瘾。直到此时，我跌跌撞撞，居然尚未倒地不起。

《傲骨贤妻》第一季中 Alicia（艾丽西亚）说道："局面不会变得更容易，但你确实会变得更擅长应对它。"（It won't get easier，but you do get better at it.）来路，将一直如是。没有什么是确定的，没有什么是容易的，没有什么是理所当然的。命运、天赋、经验、青春的红利或许都不再起效。但是，我们还是可以选择，选择去碰触自己的底线，选择去经历未知的风景，选择去看看我们究竟能走多远。

小鼹鼠不会改变；我，可以。

量力而行，是一生的功课

有个好友说，对孩子的钢琴老师不太满意，说得有理有据。但是，“因为老师特别认真与热心，我有点说不出口要退课”。

我太理解了！选择拒绝，曾经是能引起我生理反应（头疼、失眠、心跳加速）的难题。这种对拒绝的犹疑包含了许多善意。毕竟我们都喜欢如沐春风的环境，己所不欲，勿施于人。一路走来，也获得了太多帮助，在情感与道义上，都愿意成为成全别人的人。这种犹疑也包含了恐惧。不愿意拒绝的人，常常是没有安全感的人。未必想求得回报，却不希望因为拒绝而伤害别人，打破周围温情脉脉的小宇宙。

然而，拒绝要付出代价，不拒绝也要付出代价。在不拒绝的日子里，我常常觉得不能掌控自己的生活节奏，委屈又憋屈。

我纠结挣扎着给自己做了十多年的心理建设，蹚出了一条学会拒绝的血路。

以下 5 条拒绝的理由，但愿会有一条适合你。

01 _
我们没那么重要，地球离了谁都转

2005 年初，我是麦肯锡一年级的商业分析师，提前请假一周，理由也充分——周五我要结婚！

然而，假期第一天的傍晚，接到某合伙人电话“追杀”，告知有几页 PPT 演示文稿会从新加坡传过来，请我帮忙翻译一下，并且“今晚就要”。

年轻的我，答应了。等我跟新加坡的同事联系上，发现对方 PPT 还在写，我们写一页、传一页，最后一页收到时，已是次日凌晨 3 点！弄懂，翻译，最后的格式调整……做完已是早晨 7 点。发给领导，抓紧睡了一会儿，收到一些反馈，改完定稿已是周二下午。

一夜不睡，十夜不醒。你有没有发现，熬通宵要补足的睡眠，是熬到凌晨一两点的几何倍数。周二工作，周三补觉，周四萎靡不振，周五结婚。单身的最后一周就这么交待了。

时至今日，我至少会试探拒绝的可能性。能当晚完成这项翻译任务的，我真是唯一的一个吗？我若不能放弃休假，会给领导添点麻烦，但领导就搞不定了吗？

其实有时候我们太高估自己的不可替代性，也太低估对方的承受能力。于是，我对开篇提到的那个好友说：“如果是个职业钢琴老师，遇到理念不合的家长，是很正常的事。她也许会沮丧，但不要担心不教你的孩子，她的世界就崩塌了。”

02_
我们对世界有许多承诺，孰轻孰重呢

2009年夏天，我还在麦肯锡，项目间歇请假4周，准备MBA（工商管理硕士）申请。彼时请假艰难。2008年金融危机后，麦肯锡大中华地区并没有生意清淡。全球各大企业面临危机时，都在不约而同地重写战略，而重写战略时不约而同地都将中国作为增长重点（从加入WTO至金融危机前，中国的增长举世瞩目）。公司一时爆忙起来。

这假我却非请不可。在离异后的崩溃迷茫期挣扎了两年，我有抑郁倾向，看过心理医生，注册过相亲网站……“出国读书”是我试图换个环境、重新出发的一根稻草，当时我抱着自救的心情，志在必得。我又是个心无二用之人，自认没法在麦肯锡一天工作13 ~ 15个小时，还挤出时间准备出国。然而，休假中，我又被“追杀”派活了，“很缺人，需要你呢”。我要不要取消休假呢?

这一次，我闺密刚刚从哈佛MBA毕业回来，对我臭骂一顿，这一通骂把我骂醒了。

> 你的人生有很多承诺，承诺尽力工作，承诺关心朋友，承诺照顾家人，也承诺自己身心健康、幸福快乐。
>
> 你有没有想过，你现在这种状态，你爸爸妈妈有多担心！如果申请MBA对你自己重新开始非常重要，对将来发展大有裨益，申请成功父母也安心高兴……
>
> 你自己掂量掂量孰轻孰重吧。

助人并不一定意味着付出与牺牲，在帮助别人的过程中，我们往往也是受益者。即使从功利的角度说，我取消休假，难道不会从领导的领情与对公司的忠诚中受益吗？只是有时候，一个目标与另一个目标会冲突。公司有要紧事，孩子在生病，我们自己掂量孰轻孰重罢了。

03_
我们不能伪装自己没有的激情与能力

2014 年秋天，我即将开始在亚马逊的新工作。这是我人生第一次换工作，彼时孩子一岁半，面对全新的世界，我多少是紧张的。就在这时，北京一个志愿者团体 ABC（A Better Community，美好社会咨询社）的负责人，给我打来电话，他们正在组织各大企业与高校的年轻志愿者，利用业余时间给公益机构提供免费的咨询服务。

对方说，明天项目正式开始，但是一个原定的项目指导（需要大约 10 年相关经验的人）因为工作安排，突然不能带这个项目了。我立刻同意了，第二天上项目。

在随后的 4 个多月里，我一边在亚马逊学习新工作，一边带着十几个志愿者给一家机构做营销、做筹款（每个周末必然花上大半天时间，非周末也要花两三个晚上），一边继续适应着职场妈妈的角色。

现在回想起来，我之所以毫不犹豫，实在是因为我对这件事既有热情，也能胜任——我在公益领域打酱油，在咨询行业做事，各有六七年了。整个过程虽然极其辛苦，却因为投入而快乐。

不久前，一个朋友致电给我，说一家传统石油企业想找个互联网行业的人做培训，讲讲创新。我温柔又坚定地拒绝了。对于给石油行业讲创新，我一脸茫然，也无心摸索。我去了也做不好，对朋友最负责任的方式或许正是请他另请高明。

“不能伪装激情”，出自刘小枫在《沉重的肉身》一书中给基耶斯洛夫斯基《十诫》的影评。如果让我选出值得铭记的人生箴言，这三句一定排在前三位。

不爱一个人，假装得了一时，骗不了自己一生。

不爱一件事，或许能勉力为之，却不能甘之如饴、竭尽全力。

那么，我们也可以拒绝做我们做不到的事、不帮我们不适合帮的忙。

04_
量力而行，是一生的功课

2008年冬天，我在麦肯锡的一个亚太区项目做见习项目经理，项目涉及中国大陆、中国香港、中国台湾、新加坡、印度尼西亚、日本、韩国、澳大利亚与印度的市场。简单说，就是在项目上要打很多越洋电话，听很多口音。熟练的英文固然是麦肯锡的基本能力，而这样的项目对语言要求更高。

这时有个英文不太好的分析师找我，希望上我这个项目，而决定权在我。麦肯锡往往要求分析师磨炼自己的短板，例如你数据分析弱一些，偏偏让你做财务模型。这样项目经理当然辛苦些，但是传帮带是一项义务，我们也都是这样被人一点点调教出来的。

这事儿往往对新人很重要，如果他在过往评估中被贴上“某某方面弱”的标签，就需要很快证明自己进步，否则可能会在下次评估中被认为不合格。我纠结了。我自己在麦肯锡也算是个英文不好的人，这个项目想着做起来也是七荤八素，我想找个英文好的分析师平衡一下。而那时候，我正处在人生低谷，自己也绝非处于能量满满的状态。

于是，我给一个哲学老师朋友打电话请教。

哲学老师：其实很简单，量力而行。

我：但是这个“力”，我“量”不清楚，咬咬牙帮人家一下，自己也能撑过去的。

哲学老师：知道自己力量的界限，这本身就是一种能力，要用一生去探索。

我拒绝了那个分析师。当我拒绝她时，我并不坦然，只是默默决定以此来更了解自己。

我自觉当时无力承担，然而若这个分析师因此面临很坏的结果，我也无法承受事后那种内疚，但我会更了解自己。下一次，我会让自己有更舒服的方式，就是不拒绝。我很幸运，没有发生任何坏的结果，她在麦肯锡顺利发展，后来又和我一起兴致盎然地做了一个奇葩项目，而我学会了承认自己的力所不及，并接受伴随而来的无力与歉疚。

05_
爱你的人依然爱你，不爱你的人随他去吧

更多的时候，我们不敢拒绝，是因为友情难却。若只是利益关

系，那客观衡量就好了，然而面对亲情、友情、交情，拒绝似乎无情亦无义。

这一生给过我切实帮助、让我心存感激的人，少说也有 20 个，而给过我点滴善待与支持的人，更是不计其数。我也愿意用善意回报这个世界。只是我已经明白，我们不能让所有人满意。当我们不愿意承担之时，懂得我们的人会谅解，不理解我们的人也只能随他去吧。

2017 年有个前同事在微信上问我："Autumn（我的昵称）姐姐，我要申请硕士，能否帮我写推荐信？我准备好大概内容，你看看，若没有问题，签个字？"我拒绝了。我们之间工作交集不多，在有限的交集中，我对他的工作小有不满（粗心大意一点也算不上什么大错，而且也不是我的团队成员，我不曾多嘴批评过）。但因此，他再也没有对我说过一个字，还对我关闭了朋友圈。我不近人情吗？也许吧。出国学习是一件大事，周围适合写推荐信的人或许不多，帮一下当然算不得伤天害理。只是既然我知道自己不愿意做违心的事，我就得接受别人不喜欢我。

一个理直气壮互相拒绝的世界，确实特别不美好！但是有些事，我是一定要答应的。

第一，这件事对他真的很重要。

第二，我是这件事的不二人选。

第三，我对他会有帮助，不会好心办坏事。

第四，不违背其他原则。

有很长一段时间，我近乎处在透支的工作状态里。但我能够连续数月，给一个小伙伴辅导 MBA 申请——一两周固定一个晚上长谈，讲解怎么写申请信，讲解学校要求，提炼核心故事，几乎一字一句评改；元旦假期还要埋头写推荐信。我的理由是：

第一，留学对谁来说都是一个重大选择，需要付出大量的金钱与时间，对职场发展也可能有重大影响（这件事对他真的很重要）。

第二，在我俩共同参加的公益项目与日常工作中，我都是他的直接上级，且有学校认可的背景，我不帮忙没有道理（我是不二人选）。

第三，在申请学校这件事上，我也颇有心得（可以胜任）。

第四，共事两年，小伙伴聪敏努力，推荐他去任何学校都是理直气壮（不违背原则）。

所以无论多忙、多么缺觉，我都选择全力以赴。

此刻的我已经相当有把握地说，自己算是会拒绝的人了。因此，我对别人克服千难万险给我的“yes”（好的）更懂感激，甚至更容易懂得与接受别人的拒绝，尊重别人拒绝我、不认同我、不喜欢我的权利。

在贪心的世界里保持清醒

知乎关注量排名前百位的问题，好些长得都很像：

- 《日常生活中有哪些 10 分钟就能学会但是终生受用的技能？》
- 《哪些技能，经较短时间的学习，就可以给人的生活带来巨大帮助？》
- 《有哪些是一天以内就能掌握却受用终身的技能？》
- 《有哪些简洁的人生建议？》

……

朋友圈里时常会撞到这样的标题：

- 《为什么你总在职场碰壁，5 招教你脱颖而出》
- 《坚持这 10 个习惯，我彻底告别又懒又穷，从失业到年薪百万》

- 《学会这招只要 35 天，却能让亲子关系受益一生》
- 《做活动运营，看这一篇文章就够了》
- 《做到这 3 点，小白也能变成 PPT 大神》

……

熟不熟悉？

惊不惊喜？

想不想点？

嗯，这些“干货满满”的文字，有夸张的标题党，也有很多是亲闻、亲历、亲证的呕心沥血之作。它们为何层出不穷，又为何时常对我们没用呢？

01_

8 年前的夏天，我准备 GMAT（经企管理研究生入学考试）考试。我先花了几天时间，在 ChaseDream（国际商学院申请与职业发展交流平台）论坛上认真研读前人的经验帖。那时的 ChaseDream 宛若一个江湖，观点纷呈，门派众多，大侠林立。从背单词到写作文，从报名流程到时间管理，都有海量的“武功秘籍”供你参考。很快，我发现在语法方面有两大流派，犹如《笑傲江湖》的“剑宗”与“气宗”。“练派”强调题海战术，仅仅总结考点与方法不行；“总结派”强调专注于少量官方题库，精深总结，反复体会。

在时间有限的前提下，哪种是更好的制胜法门呢？我很快就想通了，结论是句没有什么用的真理——两者不可偏废。总结是帮助抽象语法点，而做题是练习应用语法点。这和学开车差不多。我明明考取了驾照（还是满分），但往方向盘前一坐，扑面而来的就是刹车油门方向盘，行人车辆红绿灯，路况导航限速牌……我立刻晕头转向、四肢不灵，成了“中国女司机”的“代言人”。不开出点公里数，不经过些复杂路况，我以学霸体质记住了一堆规则又有何用呢？（为了广大人民群众的安全，我从来没有独自开车上过路。）

学习 = 理论 + 实践。

“纸上得来终觉浅，绝知此事要躬行。”这曾是多么浅显的道理啊，对吗？

02_

有一年夏天，我去参加麦肯锡一年一度的剑桥大学全球项目经理集训。在大会上，我要做一个关于中国互联网行业的演讲。

为了防止听众昏睡过去，组织者规定所有演讲采用“Pecha Kucha”形式。Pecha Kucha 起源于日本，它的每个演讲精确到 20 张 PPT 演示文稿，每张 PPT 精确到 20 秒讲解。这个每张 20 秒的速度控制有多严格呢？严格到极致——将 PPT 播放设置为每 20 秒自动翻页。

对演讲者，这是很高的要求。若讲快了，就会尴尬地晾在台上等待大屏幕自动翻页；若磕巴了，还没讲完，画面切换，只好气喘吁吁地追着 PPT 讲。因此，这项规定对听众是很棒的体验，演讲一气呵成，紧凑利落，大家不会睡着。

英语演讲，一直都是我的致命弱点。这一次，为了不出丑，我陆续修改了几周 PPT。在飞往伦敦的漫长航班上，我终于把每个词都认认真真地写了下来，掐时间，控语速，反复改，精确讲到每张用时 20 秒。随后几天，每晚练习多遍。为了这个 400 秒的 Pecha Kucha，我花了至少 100 倍的准备时间。效果是惊人的。我流利地讲完，笑点、重点、震惊点都达到了预期效果，全场掌声雷动。熟悉我英文水平的亚太区领导，对我“超水平”发挥也感到喜出望外。

我明白了，原来，我是可以好好演讲的，哪怕用英语。我尝到了充分准备的滋味儿。而关于准备工作中的分析听众、确认目标、打磨主线、准备素材、提炼语言，每一步我都受过一箩筐的培训，可以写一打干货文章。

那么，三年过去了，我的演讲有提高吗？并没有……因为，我再也不曾这样准备过。别说 100 倍时间了，除去制作 PPT 的时间，我连事先练习一两次都做不到。每一次演讲还是会有不顺的地方，每一次站在台上还是会“嗯嗯啊啊”地组织语言，每一次还是会觉得平淡和遗憾，每一次还是因为惰性继续不练习。

找到方法，知道诀窍，不去做又有什么用呢？

03_

有一天，我们来到了一个比 GMAT、比考驾照更大更难的考场，我们称之为“人生”。我们开始面对远比英语流利、开车娴熟更加复杂的挑战。

那一门门功课，叫作恋爱、婚姻、育儿、养家、学业、职场、穿衣、吃饭、知书、达理、为人、处世……却再也没有习题汇编、语法大全，可以把人生的难题一网打尽；再也没有课程设置、教学大纲，可以为我们按照全国统一标准划范围、拎重点，也没有高考老师的耳提面命、苦口婆心了。

我们有空前的压力去掌控自己的生活，所谓“成为更好的自己，过更好的生活，让世界更美好”。

我们有空前的自由去选择修习什么科目，付出什么努力，取得什么成绩。

我们空前迷惘：我想要什么，我该听谁的，我该做什么。谁的初次不紧张，谁的青春不迷茫。这些迷惘就足够支撑与终生学习相关的产业以各种形式一直辉煌下去。

有厚厚的书，长长的网课，当然，也就有了短短的干货分享。所有的营销，都基于对人性的洞察；所有的标题党，都是对我们内心欲望的回答。

生命短暂，年华似水，我们太需要诀窍了，我们太渴望捷径了。于是，我们太想要几篇文字、几小时课程、几分钟阅读，就直奔修身、齐家、治国、平天下的顶点了。

04_

医者不自医，我也抵御不了干货鸡汤金句的诱惑。

我留意健身时尚的 tips（提示），正因为自己并非天生丽质，但从未放弃过成为“美女”的念想。我也认识到，身材健美，衣饰得体，用合适的妆容加持，就可以美丽许多。手机上的 keep（一款具有社交属性的健身工具类产品）天天提醒着，“自律给我自由”“您还有训练没有完成”……而这么多年过去了，我依然胖胖乎乎，不修边幅，口红都涂不匀。

从柔软无邪的婴儿，修炼成仁智勇信的君子，是一条多么漫长的道路。所有精彩的经验之谈，都需要十载寒窗、百炼成钢。

05_

我们知道，不开出几百、几千公里，不敢言会开车。我们又为何奢望，三脚并作两步就成为模范爹妈、职场赢家、运动达人呢？

人生是一场在贪心中保持清醒的游戏。于是，我划掉了好多目标。

~~公号格式~~

~~早睡早起~~

~~学习 Axure~~（一款快速原型设计工具）

~~读完某些书~~

~~在家跟女儿说英语~~

……

于是，我也就划掉了那些暂时无法付诸行动的金句，划掉了对人生的急于求成，划掉了对自己的求全之毁，划掉了在太多战场上与自己对打的挣扎与沮丧。

精简目标，不及其余，然后给它们一点时间吧。让我们在这个贪心的世界里，保持一点清醒。

知乎某个匿名用户写道：

学习资料找太多，就会有已经学了的错觉。
运动装备买太好，就会有已经瘦了的错觉。

所有的经验之谈——用了，或许没用的；不用，肯定没用的。
人生或有捷径，不出发终究无法抵达。

第二章

找到热爱，投入进去

执着地知道自己喜欢什么，
即使还没有得到，也是最幸福的幸福。
因为喜爱，会更有心情去追求、去做好，
会更胜任、更长远，
因此在物质上的回报通常也不会太差。

建设自己的优势

大约每隔两年，我都会重刷一遍美剧《老友记》（*Friends*），连访谈、花絮与 NG（电影拍摄术语，指不好的镜头）都看遍了。隔两年的原因是，看得烂熟，要等有些梗略淡忘一点再看。

因为它，我对曼哈顿和中央公园心向往之，毕业后想合租房子，想和朋友厮混；因为当年片源少，下载到的剧集时常没有字幕，一集集追下来，英语听力突飞猛进。

导演在某次评论中说（大意）：“人们在大学毕业至结婚生育之前，有段独立生活的时光。那时，人生中种种问题全都方向未明、结局未晓，那段青春里，幸有朋友彼此相伴——这是《老友记》的初衷。”

在《老友记》主人公 10 年成长中，有许多精彩的职场故事。譬如瑞秋（Rachel），她由任性懒散的咖啡店女招待，成为 Louis Vuitton（路易·威登）巴黎的时尚界经理人（虽然最终为感情选择留在纽约），瑞秋的转身不可谓不华丽。在现实生活中，许多人不喜欢自己的工作，但不敢转行——怕进不去，怕找不到，怕不胜任，怕放弃既有经验，怕从头来过会失败，怕穷。而瑞秋的转行是怎么发生的？如果你也不喜欢自己的行业，瑞秋的路径可以借鉴吗？

家境富裕，颜值超高，瑞秋从小是个被宠坏的大小姐：教育只是嫁妆的点缀，学校是啦啦队长恋爱的舞台，人生预设的脚本是从父亲家到老公家，成为自己妈妈那样一辈子不用工作、不用做家务的太太。

当瑞秋在婚礼上突然意识到，这不是她想要的生活时，她翻窗逃离，穿着婚纱，淋着大雨，奔过纽约的街头，投奔童年好友莫妮卡（Monica）。剪掉了父亲的信用卡副卡后，瑞秋找到的第一份谋生的工作，就是莫妮卡家楼下咖啡馆的女招待。扎上围裙，肤白貌美，瑞秋非常养眼，但这份工作她毫不胜任。她记不清谁点了什么咖啡，把铅笔当作搅拌棒放进杯子，觉得迷茫时和女友们一起借酒浇愁。

一年多后，咖啡馆店主用最温和、最无奈的声音说："瑞秋，亲爱的，你实在是个糟糕、糟糕、糟糕的服务员。"瑞秋爆发了："你说得对！你知道为什么吗？因为我根本不在乎！"是的，她根本不喜欢这份工作，只是浑浑噩噩地应付。老板和同事不会太为难她，但她也不会走得更远。

那一天，瑞秋逞一时之勇，裸辞了。她投出许多封简历，决心找到一个时尚界的工作。

在咖啡馆的告别之夜，瑞秋大声宣布："无意于冒犯还在这里工作的人，但我特别高兴，我再也不必做咖啡了！"然而这番告别宣言后的下一个镜头就是，新工作的首要任务是怎么冲出一杯符合大老板口味的咖啡。这很搞笑，也不乏逻辑。老板在乎咖啡，需要能做咖啡的女秘书，这就是瑞秋能得到这份工作的原因吧。

瑞秋在饭馆跟莫妮卡吐槽："为什么我要干这份愚蠢的工作，仅仅因为它和我的兴趣沾一点点边！"连旁边听见她们对话的陌生客人都笑了。

这个陌生客人在 Bloomingdale（布鲁明戴尔百货店，是曼哈顿的高端商场，也是瑞秋从小的逛街胜地）工作，瑞秋因此得到了一个面试机会，并拿下这份工作。

数年后，瑞秋跳槽至奢侈品牌 Ralph Lauren（拉尔夫·劳伦）；在最终季，她被猎头约去面试 Gucci（古驰），后来又得到 Louis Vuitton 巴黎的机会。彼时，她在自己喜爱的行业不断上升，与罗斯的抓马爱情即将修成正果，还有个两岁的可爱女儿，俨然成为人生赢家。

瑞秋的职场故事，当然是编剧制造出来的。譬如，那个刚好坐在她身边、刚好在 Bloomingdale 工作、刚好所在部门在招人、刚好所招岗位瑞秋可以胜任的马克，大概只有电视剧中才会出现。

但是，瑞秋的故事有没有一点点值得借鉴之处呢？有的。

01_
找到热爱

如同大部分戏剧一样，*Friends* 会尽量注意人物的“代表性”，即主角的职业、阶层、个性要足够不同。

然而我觉得这部剧里最没“代表性”之处就是，在职场上追求真爱的人比例真高。如果按照“知道自己想要什么”从 1 到 10 打分，*Friends* 中的 6 个人里，居然有四五个人可以打 10 分！

罗斯从小是科学迷，热爱恐龙，最后成为古生物学家；莫妮卡从小贪吃，爱美食，最终成为高逼格餐厅主厨；乔伊热爱表演，各种试戏，为给艾尔帕西诺做臀部替身出镜而兴奋不已；半自由职业按摩师兼很业余吉他演奏者菲比同学，则优哉游哉，求仁得仁；而瑞秋，从小就是时尚达人，爱逛街、爱打扮、颜值高、衣品好……

我们很多人难道不是钱德勒的状态吗？在公司的格子间里，做着有一定专业性、有成长空间，却少一点激情与光芒的螺丝钉。偶尔抬起头，想想也许我可以不这样度过一生。

当瑞秋还是预备役“结婚员”、咖啡馆服务员、冲咖啡女秘书时，Bloomingdale 就是她的圣殿，时尚杂志是她的《圣经》。我相信她深谙这里（和竞品）的每一处角落，对时尚趋势如数家珍，自己就是最硬核用户。

她的品位、认知，见到漂亮衣服两眼放光的状态，都会给争取时尚圈的工作加分。换作我去面试时尚圈工作，那肯定要见光死——常年随便穿、不打扮，对产品、用户与市场完全无知、无感无共鸣。

执着地知道自己喜欢什么，即使还没有得到，也是最幸福的幸福。因为喜爱，会更有心情去追求、去做好，会更胜任、更长远，因此在物质上的回报通常也不会太差。

02_
找到优势

瑞秋学历一般，她当时的比较优势就是年轻漂亮、热爱时尚、会冲咖啡。她的第一份时尚圈工作，勉强可以认为是一个服饰制造销售企业的秘书，老板很在意怎么冲咖啡。工作内容和时尚关联不大，但她好歹打入了时尚圈。

我认识不少人是凭着比较优势“曲线救国”的。

例如我在离开麦肯锡时，很想做互联网运营。当时我只做过咨询师，一个“给建议”的角色，很难一下得到直接负责增长业绩的岗位，反而容易得到一些战略、分析、助理这样的机会。

我的第一份互联网工作，是做亚马逊电商平台的策略和分析（其他工作也差不多这样的性质）。这个岗位工作量不饱和，存在感不强，后来有人离职，我才有机会去负责一个品类的运营。

我面试时曾遇到过一个候选人。她本科学日语，大学毕业时非常想去互联网公司。第一份工作是百度贴吧的日语版运营，之后是百度输入法在日本的市场推广。几年后，她已经成长为一个和日语、日本完全不沾边的互联网产品的运营负责人。但她最初的比较优势，就是对互联网的热情和日语。

那么，当你想跳槽的时候，你的比较优势是什么呢？

这个世界日新月异，当你觉得自己没有经验的时候，其实谁都没有足够的经验。从前并没有互联网、没有移动端、没有人工智能……即使有了，快速发展的行业，岗位需求也比有完全匹配经验的人多。

比如，我自己招聘团队时，最理想的候选人最好是这样的：同时具备4A公关广告公司、大牌甲方、互联网、创业公司、金融机构的经验，能带团队，能管项目，既能写稿又能做数据，既能脑洞大开又能严谨细心……我不敢说这样的人不存在，但即使有也非常少、非常贵、非常难找。切入一个新行业，往往拥有一项或者几项比较优势就可以了。有好奇心驱动，有责任感打底，有一些可用技能，就是很有潜力的候选人。

03_
入门再说

我认识一个全职妈妈，2017年重出江湖，想做与互联网教育相关的工作。这和她之前的工作并无关联。离开职场几年，她似乎在年龄、经验方面并没有优势。但是，她有比较优势——做过跨国企业高管，职业素养全面，为人成熟；自己是妈妈，对教育方面天然有关注和想法；在美国生活和学习过，熟悉美国。她复出后找到的第一份工作，是一家创业公司海外留学亲子社区的运营，也帮助公司拓展海外资源。

一个工作是否理想，有很多判断因素。我俩对泛教育行业认知都相当有限，但都觉得，无论这份工作是否符合理想，先入行再说。

第一，全职妈妈复出，先证明自己能适应创业公司的工作节奏。

第二，熟悉互联网运营工作，诸如怎样面对客户端用户，怎样与产品、研发一起工作。

第三，了解教育行业（哪怕从一个分支开始），积累这个领域的信息、认知和人脉。

一年后，她就更会知道这是不是一个合适的机会、什么是合适的机会，也更容易证明自己胜任那样的机会。

就像瑞秋一样，一个给老板冲咖啡的秘书岗位，会成为她白领生活的起步，成为她服装公司工作的简历，提供给她耳濡目染的环境。

在我进入互联网行业之前，我当然也上网，也用 iPhone，在商学院研读过案例，在麦肯锡做过相关研究，但这些接触与跳进新行业后的信息量差太多个数量级。

即使在亚马逊只是写写报告的那两个月，我也能看到——每周开会讨论什么话题，公司用哪些指标来衡量业绩，年度计划或者运营决策如何做出，一个促销活动从提出概念到上线需经历哪些步骤，都有些什么部门、什么人如何为之忙碌，我周围都是什么人，他们是什么职业路径、承担什么角色，他们如何思考、如何沟通……尽管亚马逊中国业绩不佳，但我这个“小白”的无线电还是接收了很多信息，获得了行业认知的“第一桶金”。

师傅领进门，修行靠自身。后面的路如何走，就看自己了。

Friends 里，瑞秋是贯穿始终的爱情故事女主担当。全剧我最感动的镜头之一，是她气急败坏地冲到伦敦，打算阻止罗斯与埃米丽的婚礼，却在相见那一瞬间只说出一句“恭喜”。

是的，她是个任性被宠坏的大小姐，但在骨子里，这 6 个人都三观正确、感情真挚。就像在职场上，她绝不是精英人设，但那个日复一日冲着自己不在乎的咖啡的糟糕服务员，终究凭着自己似乎单薄的比较优势，勇敢地追求所爱去了。

10年前，有个朋友跟我说，在瑞秋剪掉父亲的信用卡开始找工作的那天早晨，莫妮卡说的一句话才是全剧的灵魂。尽管以莫妮卡当时的水平，未必说得出来。那句话是：

“欢迎来到真实世界。它糟透了，但你会喜欢的。”（Welcome to the real world! It sucks. You’re gonna love it.）

10年前，我不懂这句话，我也不懂为什么它是全剧的灵魂。

10年后，我知道，这句话厚得可以写一本书。

其实对于生活，除了热爱，我们别无选择。因为只有这个选择，才有可能让事情变得更好。

那么，找到自己更可能热爱的事，发掘或者开始建设自己的优势，并投入进去。

态度决定能力的故事

职场上有句话：“他这是能力问题，工作态度还是好的。”通常做得不够好的时候，“能力问题”就比较容易得到谅解。

我承认，时代、机缘、天赋、性格、出身、早期教育等，这些我们无法全然掌控的因素关系重大，或许应该将我们的个人“能力”划定在某个范围内。譬如，身为帝都一个普通的职场妈妈，我觉得自己大概不能为人类飞向火星做出直接贡献，也不能参加奥运会了；我也不敢拍胸脯保证自己现在创业能赚大钱或者改变世界。然而，个人选择的力量依然是太被唱衰了。在我们此刻能力的边界，与全然无法突破的极限之间，依然有广阔的不确定空间。

我想分享几个身边小伙伴的故事，讲讲为何能力由态度决定。过去的态度，决定了现在的能力；现在的态度，决定了未来的能力。因为态度就是你想把自己能力的边界推到多远。

01_
第一个故事：有态度的人，雷达开着

离开麦肯锡后，我做了营销。有次内部培训，主题是分享理财用户洞察，我问大家：“如果有个理财产品，银行承诺回报率8%，你考不考虑？”座中多数人回答“考虑”，因为银行背书给人感觉风险极低，而收益率又高过一般同等风险等级的产品。然后，我又问：“还有个理财公司，是我表哥他同学开的，承诺回报率10%，你考不考虑？”

“不考虑。”

12%呢？不考虑。

15%呢？更不敢考虑了！

因为，我表哥的同学是谁，他们都不太敢相信。

这就是个简单的问答，把参与者代入用户角色，让他们感受一下对风险与收益的权衡，这能让培训气氛稍微有些互动。培训，互动一点就没那么枯燥了。不久后，我们团队有个小哥们去给别人培训，我忙，没参与准备，只能培训时电话接入旁听。

我忽然听到他问道：“如果有个理财公司，是我表哥他同学开的，承诺利息10%，你会考虑投资吗？”说句实话，我设计的这个互动真没啥了不起。我欣赏这个年轻的同事，因为他见到一个可能有点效果的方法就去留心，然后有机会就去试用。

职场上能力比较强的人有个共同特点，就是特别留意别人是怎么做的，什么方法能帮自己做得更好。

他们的雷达始终开着——留意前沿趋势，琢磨前人经验，敏感更优方式。就好像少年时那些学霸，总关心别的学霸用什么参考书、做什么题库一样。

职场上的技能包罗万象，动态发展，并没有一本工具大全可以让你一劳永逸。怎么写清邮件、怎么有效开会、怎么管理时间、怎么活跃气氛……放眼望去，是日常许多人在给你做示范。

这是一本本打开的书，就看我们是否愿意去阅读、去琢磨、去实践。在点滴中，我们慢慢地武装自己，让自己变得更高效。

02_
第二个故事：有态度的人，擅长自学

每个孩子的妈妈，大概都讨论过孩子吃饭习惯的问题，还有些孩子需要大人满世界追着喂。

当我们成年后，职场上也有“等投喂”和“自己吃”的大人。前者需要一点推动，后者自己买菜、自己点菜、自己搜索菜谱学做菜。

我们营销团队有个女孩做内容运营，俗称“小编”。她写作流畅，排版精美，但从来不怎么用 Office 办公软件。直到有一天，某个项目熬夜赶工一个 PPT，拉她也来帮忙。

我听到项目经理跟她说：“这些图用 PPT 画行吗？”她回答：“你赶快去忙吧，我自己百度，不清楚再来问你。”

她最后交出来的 PPT 很专业（当然与她的写作与设计底子有关），只有一张图她不会用 PPT 画，用 Photoshop（图像处理软件）先做出来，问大家行不行。

有能力的人，对未知的世界有“我可以”的态度。感谢互联网，整个世界亦是一本打开的书，我们可以自己百度、自己知乎，可以跟人请教，可以买书上课，可以看“帮助”文件，可以边试边学……

世界上肯定有挑战智商极限与情商高度的事儿，但阻挡我们的往往是“这没意思”“这很难吧”“我不行吧”“以后再说”的状态。是否能够自己动手探索新知，很大程度上决定我们能走多远、变得多强、过得多好。

03_
第三个故事：有态度的人，尽力而为

两年多前，我的前一家创业公司 CEO 提出在陆家嘴地区投放广告。我们选择了某个地铁站厅的广告位，并迅速签约了。

飞去上海，供应商陪着到现场一看，团队里一个“90 后”当场脸色变得很难看。我悄悄问他：“你是否觉得不行？”那是比较早的一条地铁线，站厅较为陈旧昏暗，现场效果比远程看图片差不少。站厅里乘客行色匆匆，所选区域的视觉冲击力不够，同时投放不同形状的灯箱和立柱，又增加了创意的难度和制作成本。然而，我这个 CMO（市场营销官）天性犹豫，掂量着档期已定，这时候修改不知道是否能行。“90 后”斩钉截铁地说：“一定要改！我去说！可以商量的，来得及！”所幸供应商很配合，帮助我们做出了调整。

后来我把此事写进给“90 后”的推荐信，他拿下了凯洛格商学院（Kellogg）、加州大学伯克利分校（Berkeley）、伦敦商学院（LBS）等若干名校的录取通知书。

实话实说，买陆家嘴地区广告是 CEO 的主意，签约这个区域是这个

“90 后”之上好几层老板的决定；事后也没人能判定投放原来的位置一定不好。而且他早就说好两年后申请出国，也没打算跟这家公司生死到老。

也就是说，改位置，他只是给自己“找麻烦”罢了。

只是，优秀的人有最强的渴望要把事情做好，因此，他们独立思考，反复判断，提出建议，积极推动。

漫漫职场路上，有那种“既然做了，就要做好”的劲头，才有机会去承担更大的责任，赢得更多的胜利。

04_
第四个故事：有态度的人，细水长流

2017 年，我说服一个电商行业的前同事来我们创业公司做消费金融。干了半年，这哥们儿觉得自己还是喜欢“消费”，不感冒“金融”，决定重返零售业。因为是我打乱了他职业生涯的节奏，我挺不好意思的，就卖力用自己的人脉帮他找机会，结果也挺理想。这事儿照理就翻篇儿了。去新工作报到那一天，他发消息给我：“我今天去 ×× 上班，我小窗感谢了你帮忙建立机会的所有朋友，真心谢谢！”同时给我发了对别人表示感谢的聊天记录截屏。

一个多月来，我给他介绍过 10 多个零售圈的朋友，大多是麦肯锡和沃顿商学院校友。尽管加了微信、留了电话，大部分人本来会与他成为弱关联，从此相忘于江湖，而他这个小小的举动却成就了很多事情，比如：

第一，帮助我再次感谢了我们麻烦过的人。

第二，向我的朋友强化了“Autumn 推荐的人很懂事”的信息，我以后再推荐其他人也容易。

第三，把我的人脉变成了他的人脉，都在零售圈，相逢的人还会再相逢。

和这样的人打交道真是心情舒畅，物超所值，下次我还愿意为他付出！

你说，这事儿难吗？这哥们儿确实情商很高，而我知道，他这样做并非全部出于技巧。

懂得感恩、表达感谢、礼多人不怪是我们都明白的道理，然而能坚持贯彻执行却并非易事。这位同事一向以靠谱懂事著称，而他的人设就是这样细水长流建立起来的。

人设是这样，品牌是这样，做事也是这样。世间的道理就这么多，看你是否有意愿坚持去做。

05_
第五个故事：有态度的人，保持正念

认识一个年轻同事，打过几次交道后，我隐约觉得怪怪的，却说不清问题在哪儿。

有一天，因为某事我和他另一位领导的意见不同。事情不大，我和他领导通了个电话，也达成了共识。

当时他站在我身边，长叹一句："哎，老大们意见不同，我好难做啊。"

就在那一刻，我明白问题在哪儿了。那天，我给他反馈，对他说："你试试别把这事儿想得多严重。"他和生活中许多朋友一样，负责，肯干，就是容易流露负面情绪。接触过一些负能量的人，你会发现他们的抱怨一般有两个主题：一个是"好倒霉啊"，另一个是"×× 好差啊"。

开会遇堵车，我好倒霉啊，交通好差啊。

马桶坏掉了，我好倒霉啊，物业好差啊。

老板出差错，我好倒霉啊，老板好差啊。

客户有问题，我好倒霉啊，客户好差啊。

别人误会我，我好倒霉啊，别人好差啊。

……

嗯，是挺倒霉的，环境也可能是挺差的。时不时直抒胸臆“丧”一下，能消气解乏、排毒养颜。但其实这样挺累的，周围人也跟着累。

保持正念，首先不要太过“升华”坏事。堵车不至于天塌下来；都21世纪了，抽水马桶迟早能修好；老板意见不同，总有办法解决……各种倒霉事儿谁一辈子都要赶上几十次、几百次，过去的就让它过去吧。思绪不要过久停留在不开心的小事上，不要让小事侵蚀正面情绪。

其次，不要自觉“无能为力”。

抱怨外界很差，抱怨命运不济，说得诛心一点，潜台词是“这事儿我没责任，而且我无力改变”。而正能量的人时刻会惦记着怎么去把事情往好的方向推动，因为抱怨没啥用啊！相信自己可以改变境遇，有这点志气，才能有撸起袖子去行动的能力。

06_
尾声

这五个故事都很小，对吗？没什么了不起，对吗？是的，但我生活中有态度的人，让我好喜欢！哪怕每天早晨买星巴克时，某个服务生笑得更灿烂，操作更流畅，有时关心地额外叮嘱一句顾客“当心烫”，我都会被感染到；哪怕某个同事在讨论中多问几句，促使大家想多一点，我就会不由地去企业通讯录看看这个人是谁，觉得一起工作与有荣焉。

即使在工作之外，聊起健身、美妆、追剧、旅行、P图、养多肉植物，总有些人喜欢得厉害、研究得透彻，聊起来眉飞色舞，让周围人觉得世界丰富又有趣。遇到他们，我觉得空气里“哔哩哔哩”绽放着“我很喜欢，我要做好”的蓝色电光小火花，咔嚓咔嚓地给我充电。

这种正念满满、自我驱动的状态，推动我们以或许微不足道的速度成长，由量变达到质变，不断突破自己能力的边界。

这世上有天赋的局限，有命运的束缚；这世上，有很多我们做不到的事，可是，我们可以试试不用“能力问题”做原宥、逃避的借口。你若不去推动自己的边界，又如何知道自己到底可以走多远呢？

一边是社会经济的层层压力，一边是技术爆炸、迭代飞速，长江后浪推前浪，前浪死在沙滩上。无论在哪一个时代、哪一个阶层，都有人在选择尽力成为最好的自己。

正如瑞·达利欧在《原则》中所写：

> 没有什么比“明白现实世界如何运作”并且“如何应对它”更重要的事。而你在这个过程中的心态，决定了所有的差别。(There is nothing more important than understanding how reality works and how to deal with it. The state of mind you bring to this process makes all the difference.)

是为记。

不做系统里冰冷的表单

任何公司内部都是有鄙视链的。虽然令人遗憾，却是不争的事实。男性鄙视女性，年轻鄙视年长，利润中心鄙视成本中心，高门槛岗位鄙视低门槛岗位，核心技术团队鄙视销售、管理、行政……有些部门，相互鄙视。

薪酬不同，招聘要求不同，职业进阶速度与宽度不同，老板重视程度不同，于是，人心也就不同了。

在日常工作中，鄙视链上游认为自己是宇宙中心，大家要不惜代价满足他的需求：开会以他的时间方便为准；咖啡要冲到他喜欢的温度；你的微信他可以不回，他的微信你必须第一时间回复；他认为他的工种非常高深，说了你也不懂，你没必要问，你的工种非常简单，地球人全都会；他可以发号施令，可以任意批评，他对其他工种的诉求毫不关心，要信息、要进度、要讨论、要反馈，一概认为你多事，让你恨不得爆发一声简·爱式的呐喊："你以为我是一个没有感情的机器人吗？你以为我就没有灵魂、没有心吗？”

亲，你在贵司鄙视链的哪一端？你遇到鄙视链该怎么办？

01_

讲个我的麦肯锡故事。

在麦肯锡，入门级的岗位有两种：一是 Business Analyst（商业分析师，简称 BA，俗称“小鳖”），二是 Research Analyst（研究分析师，简称 RA）。

“小鳖”属于咨询部门，直接面对客户，做项目，初级“小鳖”一般不分具体行业；RA 属于研究部门，不直接面对客户，专注于某个行业，随时提供专门领域的支持。

“小鳖”和 RA 合作时是可以完全不接触的。打开电脑，在系统里创建并填好一个需求，如几月几日几点之前，请 RA 团队帮助搜集数据。例如，中国汽车行业过去 20 年的销量与未来趋势报告。然后系统和协调人就会根据行业、地区、内容、时效等，将需求派发给相关的RA 中心。这个RA 中心或许是在印度24 小时不间断的研究团队，或许是某行业的专门研究中心，例如汽车行业的团队在德国杜塞尔多夫，或许是全球各地提供当地语言服务的 RA 团队等，结果会自动发到邮箱。

很爽吧。

在麦肯锡，服务客户被认为是神圣的事。RA 团队，尤其是年轻的信息分析员，被认为是支持性岗位。在系统里创造需求，如同订机票一样，后面的系统隆隆运转，围绕着“小鳖”面对客户的神圣任务，每个RA仿佛都是这个系统里的隐形人。

简单说，研究部门处在咨询部门的鄙视链“下游”。

02_

我在麦肯锡“小鳖”生涯初期，有个项目经理，俗称“泼猴”同学，他颠覆了我与RA团队合作的方式，并且在某种意义上，奠定了我日后与任何团队合作的方式。

“泼猴”同学坐标上海。十多年前一个寒冷的初春，我从北京飞到上海，“泼猴”当即约了上海汽车行业RA希希同学，带我们去吃饭。

当时我已经学会在系统里创建需求，而且提需求给RA一般都是由最初级“小鳖”做的，所以我不太明白“泼猴”的用意。但是作为菜鸟一枚，我没有问，就跟着他去静静吃了一顿午饭。

在淮海路中环广场的沃歌斯（Wagas），“泼猴”就着沙拉与柠檬水，把整个项目背景给希希同学讲了一遍，很认真地询问她有什么建议。希希同学戴着圆圆的大耳环，一头美丽长发，说什么我不记得，总之当时是被希希对行业的了解震到了。

“泼猴”给我示范的方式可分解为：

- 共享整体目标。
- 寻求专业建议。
- 建立合作关系。

漂亮！

从那个项目起，我尽量跟每一个躲在隆隆运转的大系统后面的

RA见面，远程的至少通个长电话。我不仅会在系统里发布冷冰冰的表单，也会自我介绍，认识他们，分享整个项目的来龙去脉。当升为项目经理后，我也鼓励每一个跟我做事的“小鳖”这样做。

03_

我读MBA时，有一堂人力资源课是这样讲的：人们喜爱自己工作，但无论什么工种都有三个共同条件：

- 自主性（autonomy）。
- 复杂度（complexity）。
- 付出与回报直接相关（direct connections between efforts and rewards）。

当“泼猴”同学介绍项目整体背景时，他在告诉希希，她的付出对成果的重要意义——帮助一家全球最厉害的、给F1（世界一级方程式锦标赛）赛车做零配件的企业，用怎样的姿态进入中国市场。

当“泼猴”询问希希意见时，他在尊重她的专业度，并毫不掩饰自己对行业的陌生——你怎么看这个市场，这些数据需求靠谱吗，优先级要求合理吗……同时他也在给希希修改需求的自主性。

当“泼猴”带着我们在餐厅坐下的时候，他也在说，嘿，你不是大机器的螺丝钉，你是一个思考伙伴，是一个团队成员。

“泼猴”同学一定没有想到，这一切如此深远地改变过我吧。

04_

此时此刻，我们已经远离了工业革命初期，大量简单机械的工作已经由设备与系统代劳，大部分的支持性岗位也具备难以低估的复杂性与专业度。

所以，处在鄙视链上游的你，有没有想过，你合作时的态度决定了职场领导力的高度；有没有想过，你不将对方当作螺丝钉时，他们才会为你升级成“金刚钻”。

即使处在鄙视链下游的你或我，也可以对简单需求背后的目标刨根问底，将自己的专业度贡献给有意义的目标，并且不断了解结果去修正和提升自己的工作。但无论鄙视链上的他们怎样，我们依然要热爱，要专业，要深思，要创造。

这么多年，我依然觉得“泼猴”同学的分解动作，是跨部门合作的标配，再加一条这个标配可以概括为：

- 共享整体目标。
- 寻求专业建议。
- 建立合作关系。
- 通过结果反馈（因为在帮助对方成长）。

虽然这要花费额外时间，但是相信我，一定事半功倍。齐心协力，团队方能无敌。

方法与效率，并非世间唯一的修行

在麦肯锡工作时，我在方法论上受到多年的训练，既有正式的理论学习，也有实际工作中的反复打磨。我开始逐渐理解麦肯锡的人才培养方式。

- 定下尺度：把日常工作中的每一件事，都画成格子般细密的图纸。
- 手把手教：项目上，学徒式地传帮带，让年资更长的人展现出训练有素的强大力量，从而设定一言一行的尺度。
- 细密反馈：每件事、每一天、每半年、每个项目，不断地会有人告诉你应该如何去做，如何可以做得更好。

这些方式确实是极为有效的训练，因为它们给要求、给方法、给范例、给反馈、给激励。日日如此，从不松懈。

我自己，就是这样训练出来的一件作品。

然而，这样训练的结果会有坏处吗？

有的。

01_
它让事情变得不再有趣

按照结构化的方法，问题分解到一定程度后，在具体的研究、执行中智力的成分会下降，很多工作变成了体力活。

- 安排旅行是件开心的事，但它很快被肢解成10件类似“今天要研究一下当地气温，决定带什么衣服”这样的无聊小事。
- 研究战略是精彩的事，但它很快被肢解成10件类似“下载这几家竞品财报，分析重点指标”的无聊事情。

每一个新挑战都很精彩，而当你形成一套方法后，职场上很多（幸好并非所有）挑战就都长得差不多了。

“搞数”有“搞数”的方法，“搞人”有“搞人”的技巧，“搞字”有“搞字”的规矩。

方法论固然让你更有效率、更从容不迫，也会让人的生活“项目化”。

当你定义目标、分解任务、计划安排每一件事，甚至从逛街到阅读时都用这套方法论，那是多么高效又可怕的生活。

02_
它让我变得容易失去激情

熟悉我的人，或许会不相信，因为我看起来一直都热忱而敬业。让我解释一下。

任何一件事都有“有趣”和“无趣”的成分，接受其中“无趣”的成分，是成熟的标志。毕竟我们不能像小孩子一样，一遇到无趣，丢下就跑。

那么也许会有人说，要找到让自己觉得特别有意义的事情。

问题是，如果我们乐观一点，会发现这世界上很多事情都是有意义的。

造汽车有造汽车的意义，做金融有做金融的意义，搞教育有搞教育的意义，每个公司与机构的使命后面都可以拖半句“让世界更美好”。

“让出行更舒适，让世界更美好。”

“让理财更简单，让世界更美好。”

“让外卖更方便，让世界更美好。”

……

若我们认为几乎所有的事情都值得付出，是一件好事还是坏事呢？习惯性地埋头苦干，认真敬业地把每一件事情的无趣和有趣部分都做完、做好，是否真的就是自己想要的呢？

03_
它让人有一种控制欲，一种对不确定、不可能积极对抗的态度

在麦肯锡的 7 年里，我建立了一种“can-do”（能搞定）精神，即遇到任何问题撸起袖子就上。正因为结果不可控，所以要竭尽全力控制过程。（所有的老板都爱这样的人，我也喜欢这样的团队。）

我们相信没有什么问题，是用学习、方法、勤奋、坚韧和智力不可以搞定或者尽可能接近搞定的。

我这样考 GMAT，这样做营销，这样招聘，这样做公益，也这样管孩子。然而，这世界上，有些事情谁也控制不了。如果说这三年我在职场上有什么长进，那就是对万事多了一些“尽人事，听天命”之心。

在麦肯锡，我们常说，“只有拿不到的项目，没有做不完的项目”。而现在我知道，“做得完”、“做得到”和“做得好”是不同的事。

诚如美国首席大法官约翰·罗伯茨的毕业典礼演讲所言：

> 我愿你时而运气不佳，这样你会明白运气在人生中的角色，明白你的成功并不完全是理所当然，而别人的失败也非咎由自取。

04_
它也让我变得着急与不容错

有一次，我在看一个自己没有参加的会议纪要，我觉得这份纪要归纳不够清晰，很想直接回复过去：这个纪要写了等于白写。看上去规规矩矩的表格，有时间、地点、人物、议题，但这些议题的重点是什么，开完得出什么结论，然后我们要做什么……并不太清楚。在我的职场生活中，这种不爽出现得非常频繁。因为不是每个人都按照麦肯锡的方式（或者我的方式）做事，我自己也做不到。当然也并不是所有的事情，按照麦肯锡的方式做都是对的。

我克制了一下，没有回复。如果是两年多前，我会让新来的同事把一封邮件改三遍，上纲上线到哭。

但是，坦白地说，现在的我也只是比以前好了一点点。

05_
总结一下：无趣、无情、无畏、无耐心，糟不糟糕

某个清晨，我在大理休假。天空中有一线粉红的晨曦，洱海丝绸般的灰蓝色在远处起伏，伴随着屋里女儿与先生的轻鼾声。

我戴上耳机，开始看李一诺（盖茨基金会中国首席代表）的视频分享课程——“诺言”。开篇一诺就说道（大意），在通往所谓成功与幸福的路上，有知识、方法，更有思维方式、价值观与自我认知。这句提纲挈领的话轻轻触动了我。它和洱海一样在寂静的清晨在我内心起伏。我一直深知，自己对方法论有领悟与实践，而人到中年，恐

惧、焦虑、纠结，依然在静静地与我同行。

方法与效率，并非世间唯一的修行，路漫漫其修远兮。

爱恋、敬畏、诗意、勇气、天真、宽容、清醒……那是效率不能教我们的事。

而这些才是珍贵的事。

在战场上一件件穿上的盔甲，愿能一件件再脱下去。

靠谱，就是值得彼此托付

在职场上，“靠谱”是一张夸人智商与情商的金牌好人卡。一个系统漏洞交到技术大神手里，我们说“这人靠谱”，是信任他的专业水准；与客户沟通，我们说“他去靠谱”，是放心他必能得体行事，见招拆招。在我们的生活中，这些水准一直在线的神队友，是令人安心的存在。

有人问我：靠谱究竟如何定义？是否能可操作一点呢？我想了想。靠谱，本质上是我们在职场上签署的一张隐性契约。

每个成年人都受到显性契约的约束，诸如国家的法律法规、公司的明文规定。职场上的隐性契约则意味着人们对我们的行为有所期待。符合或者超出预期，就能建立靠谱的口碑。

这份隐性契约中，至少包括如下 4 项条款。

01_
期待我们记得

这条是不是太基本？

哈佛大学法学博士马曳出版的职场小说《三万英尺》中，有个细节：

> 陈墨（女主角之一，律师）还保留着在纽约办公室时的习惯，去见任何领导或者客户都会带着记事本和笔。
>
> 郭达民（律所大老板）一见陈墨就赞许地说，果然还是纽约培训出来的律师习惯好！

职场上，每天信息量惊人。会议、邮件、微信、电话、OA（办公自动化）、文件、图片、数据……每次沟通都可能产生待办事项。再加上个人生活事务，如快递要查收、信用卡还款、朋友过生日、孩子打疫苗……再简单的日常也没那么简单。遗忘是本能，不忘是技能。对这项技能的期待，潜台词是：大家时间都挺宝贵的，能说一遍，何必两遍。

并非一定记在记事本或者电脑上，也可以当场在白板上边讨论边写，再拍张照发到群里。怎样一边沟通一边记录、怎样抓住重点、怎样善加利用各种工具、怎样复盘整理，也需要积累经验。

不记笔记的人，传递的信号是“反正我也不是很care（关心）”“反正这也不是很重要”“反正我很闲，回头再来问吧”“反正别人会记得”。

若非有着“谢耳朵”那种高清图像式记忆，忘事儿掉链子那是肯定的。

何不试试一遍就尽量搞定呢?

02_
期待我们想想

我提到过，在沃顿商学院的人力资源课上，我学到过人们工作愉快有三大要素：

第一，工作有一定复杂度。

第二，工作有一定自主性。

第三，工作付出与回报正相关（尽管未必完全成正比）。

谁也不喜欢没有含金量、没有挑战性、没有创造力的工作。一个负责“怎么提升用户黏性”的运营总监，比起“把这几个指标按照这个格式填表交上去”的岗位，更有成就感。而复杂路况下自己认路开车的靠谱老司机是练出来的。因此，任何工作可以先花少许时间，想想这事为什么做、要怎样做。

有一次，团队里有个小编准备发布公司年报，标题叫作《2017 年运营年报》。有同事马上建议改为《××公司 2017 年运营年报——如何逆市增长 50%》。这样一改，当文章在朋友圈转发时，即使没有被打开，仅仅通过标题也能获得一次正面的品牌曝光。简单一改，功效不同，这正是想想“如何达到目标、解决问题”的人的工作方式。

职场的隐性期待是：你能根据目标思考策略，成为问题解决者，而非机械完成任务者。冰冻三尺，非一日之寒，经验是做事靠谱的重要因素。若有凡事想一想的习惯，就会更快地提升方向感。

03_
期待我们回应

想象两个网约车司机。

第一个（我的脑洞版本）：

你下单了，预定 15 分钟后出发去机场。但是，你看不到司机位置，看不到预计的距离与时间，联系不上司机。你等啊等啊等，司机出现了，只迟到两分钟，并没耽误事。

第二个：

你下单了，手机显示：司机距离你两公里，预计 8 分钟到达，正不断向你的位置接近。司机发了条消息："您好，请问您的定位准确吗？"你回复："准确。"不一会儿，司机又告知，"路口有点拥堵，抱歉可能会晚到两三分钟"。

你喜欢哪种体验呢？

好的产品功能基于人性洞察。航班动态、外卖小哥位置、文件下载进度条，都是为了让人们在不确定性的世界中多一点确定性。

现实中，也会出现定位不准、交通拥堵这样的事情。有时，你会身体不适、电脑死机、思路卡住、走了弯路，职场上的隐性契约并未要求我们成为无所不能、从不出错的超人，而是要求我们将心比心，保持沟通，不要成为"薛定谔的司机"。

有一天，你会不再需要任何交代。别人相信，你不吭声他们就不用担心，你出现问题也一定情有可原。那么，恭喜你，你的靠谱口碑就建立起来了。

04_ 期待我们复查

我经常对团队说，执行率要求百分之百，但这并不等于无条件执行。

- 任务如果不清楚，提问澄清。
- 方向如果不同意，反驳探讨。
- 执行如果有困难，要求支援。

但在听懂、赞成、能做的三个前提下，职场上的隐性契约是：你会交付，100%交付。（如果出现新的问题，那么重新澄清、探讨、求助。）

为什么交付之前复查结果如此重要？

假设一个文件有几项需要调整，你漏了一项。这很正常，谁都有疏忽的时候，尤其忙乱疲劳的时候。问题是，别人并不知道这次会漏一项、两项还是三项，也不知道是哪些项，那就必须一一复查。发现漏项，请你补做，或者顺手帮你做了。

成为最终交付物的最后一道防线，是靠谱的最高标准。你都做完大部分工作了，还留下一个不靠谱的印象，多可惜啊。

05_ 尾声

我们对世界有所期待。在家里打开热水龙头，就有热水汩汩流出；在星巴克点一杯拿铁，几分钟后就会拿到一杯拿铁。这些期待与承诺、交付与满足，在生活中如空气般存在，让我们安然，让日子简单。于是，世界对我们亦有所期待。

在职场上，那些隐性条款其实是一个闭环：

- 启，记好笔记，我记着。
- 承，琢磨问题，我想想。
- 转，凡事回应，我在的。
- 合，复查结果，有我呢。

千言万语，是一句“你放心吧”。

也许，做靠谱的人不如做一个有梦想、有才华、有创意的人那么激动人心。

然而，恰恰因为这世界上有太多宏大、惊艳、有趣的事等我们去做，才需要将“靠谱”变成一种底层素养、一个默认选项。

从无谓的重复、担忧与纠错中释放出来，才能一起投入感动人心的事情中。

所以，在人与人之间的隐性契约中，“靠谱”是两个闪闪发光的大字，因为那是在说——我们值得彼此托付。

找工作，豁出去的人怎么做

在走过咨询、出国、跨国企业、创业公司的道路之后，我对求职与招聘的要求有了更多的体会。

毕业求职时，我和许多同学一样都背景不错，因为没有人是真正一无是处的，但往成千上万名来自北、清、复、交的毕业生里一搁，就不算什么了。

优秀是有界限的，在一定范围内，你可能是最优秀的，每个人都有唾手可得的机会。真的，你现在若肯降薪 50%，让自己降维打击一下，保证有大把工作挑选。

问题是，我们干吗莫名降薪 50%？谁都希望在能力范围内踮起脚尖够得更高一点，找到市场上属于自己的最好机会。

然而，我收到过不少简历，它们可以用惨不忍睹来形容。

找工作，其实是一件需要豁出去的事儿，需要打破常见的认知误区，有勇有谋、全力以赴地去创造自己的机会。

01_
误区之一：工作机会比出国申请的学校多

出国只能申请有限的学校，受精力和费用限制，一般申请几个、十几个，二三十个就非常多了。而对于应届毕业生而言，工作感觉源源不断，每一个领域就有几十家不错的单位，总数可以数出几百个。年轻的你几乎是一张白纸，可塑性很强，适用范围很广。其实，机会远没有你看上去的那么多。

首先，不用说，竞争肯定非常激烈。

其次，找工作容易倦怠，机会容易夭折。

从看招聘信息、投递简历，到一轮轮的笔试面试，绵延几个月，其间还时不时地要受各种打击，令人十分疲惫。

找工作时，你累了不能休息，不能像出国申请时那样调整一天半天再接着准备材料，依然能把最好的一面呈现出来。找工作时的你只能跟着招聘方的时间表走，即使你今天状态不好。

当然，找工作偶然性也大，也许今天你抽到的即兴演讲题目比较别扭，做案例分析时思路不顺，就立刻惨遭淘汰。

所以，找工作也要小心翼翼地对待每一个小小的机会，时刻打起精神，有长线作战准备，不求速战速决，只要不被几次失败失误击溃。

02_
误区之二：只找自己看得上的工作

当人们在找工作、出国、考研或者考公务员之间犹豫不决时，一个通常的说法就是——只找那种一旦得到就愿意放弃其他可能性的工作。

这个说法其实只适用于很少的人。

第一，找工作是一个学习的过程，通常是边面试、边学习、边总结，从而不断进步。

你越投入、越练习，进步越明显。如果你的初始状态与理想工作有一定距离，但通过与招聘方的互动、向竞争对手的学习和对个人经验的积累，你肯定会做得更好。

但若你“面且只面”高盛、麦肯锡、腾讯、阿里巴巴，成功的概率就小得多得多。

我第一次面试通用电气的时候，一分钟的英文自我介绍，觉得自己表现得像个傻瓜（没有夸张），话都说不流利，而同组的同学明显高出我一大截儿。

你可以试试，未经准备，现在让你用中文进行一分钟自我介绍，你也说不流利，或者重点不够突出，或者言语不够简练，或者表情不够大方。我当时马上看到了自己的差距，而且知道以后努力的标杆。这就是为什么要多花时间，适当地扩展目标公司的范围，争取更多学习与练习的机会。

第二，在与各行业、各公司打交道的过程中，可以对校园外的生活、陌生行业的氛围有更为感性的认识。

说句实话，这一条几乎是应届毕业生与那些真正在职场上打拼的人们坐下来聊一聊的唯一机会，从而认识一下外面的世界。对于跨界跳槽选手，也是如此。

哪怕最后只是走到面试这一步，你获取的三维世界里的信息量也远远超越网上经验和道听途说。

你会看到工作环境、装修风格、公司气氛；你能体会招聘流程的管理细节、人才通知安排的格式语气；你还可以接触到面试官的气质举止、沟通方式、关注重点。

在互联网公司云集的工作园区，小哥哥、小姐姐们穿版衫和人字拖，到处都是热热闹闹的玩偶海报，前台堆满了快递包裹。在金融外企汇聚的商务区，空调高冷、微笑职业、桌椅茶杯和洗手间里的花都是性冷淡风格。你不去多见见这些公司、这些人，你怎么判断你喜不喜欢、适不适合呢？

第三，找工作可以是长期的准备过程。

“大军未动，粮草先行”，谁准备得越充分，谁就获得了先机。

如果计划出国，大二、大三你就应该好好考G（GRE，美国研究生入学考试）、考托，跟随导师学习研究，写论文争取发表。

如果计划找工作，你就应该暑假里“不择手段”地找一个好公司实习，了解相关行业，给自己积累相关经验。

多方面都能做好的人并不多，所以还是要早做决定，尤其毕业年度的冲刺阶段。

一句话，找工作要专心，专心找比不专心找结果肯定要好。

03_
误区之三：招聘方要求什么，我就准备什么

准备出国时，大家都知道要严阵以待，学校情况要呕心沥血地去

了解，申请材料要鞠躬尽瘁地去准备。

谈到找工作，不少同学却会以自然状态去面对笔试与面试，心里想：不就是去聊聊吗。

这是多么不明智啊！

试想，四大会计师事务所，花旗、汇丰、恒生、渣打的数学逻辑笔试题，就是类似于英语培训的机构出题，我们也应该有针对性地分析分析、练一练。当然这种题不一定能找得到，但可以用 GRE、GMAT 中的数学图表题、逻辑题来模拟练习。

做简历、面试和案例分析也是如此。

面试一家公司，它的所有网站、产品、报道、财报都了解过吗？相关行业与竞争对手的报告、数据、趋势、挑战都百度、知乎过吗？这个领域的工作性质、岗位要求、职业生涯打听清楚了吗？

可见，这个过程无非比谁能做到极致而已。

04_
误区之四：让工作找你，而非你找工作

无论是应届生或者跳槽，我都反对那种“拉到篮里就是菜”的态度。

我面试过不止 100 个人，有些人的简历表现出一种奇特的无序感。细问之下，常见理由是：正好有个师兄、朋友、老乡、前老板或前同事叫他去试一试。

新的工作一般都有可取之处，熟人背书也是一个工作的重要加分项。但是，假设你想去一家互联网公司，你知道互联网都分哪些垂直

领域吗？你想好自己喜欢什么样的岗位了吗？你搜索过全网同等其他机会吗？你向所有可能的资源，即老师、同学、师兄、师姐、表哥、表姐去请教过吗？

找工作的不确定性与准备过程是相当磨人的，所以我完全理解那种见到一个不错的机会就希望锁定的冲动。

但是，更理想的状态是能忍耐这些不确定性，知道自己要什么，然后确认这份工作基本符合（就算不是完全符合）你的职业生涯规划。让每一份工作像一个台阶，一步步带你走到目的地，而非脚踩西瓜皮，滑到哪里是哪里，即使是一块儿不错的西瓜皮。

如果想不清楚自己要什么，找工作本身就是一个探索过程。你有面试同行业 10 次的经历，你对这个行业的认知、对自己是否为此感到兴奋和好奇，一定有更深的体会。

搜索有成本，不搜索也有代价，因此要适当地尽早打开搜索雷达，给自己见识更多机会的机会，才能更好地了解、比较、思考和挑选。毕竟一个工作要锁定你几年的时光，而且会永远落在你的简历上，影响你未来发展的轨迹。

这样对你的雇主也是好事。你深思熟虑后得到的机会更符合你的需求，你也更愿意全力投入，而非患得患失，糊里糊涂。

05_
豁出去的人怎么做

总有同学说："我也想请教，但不好意思麻烦人家。"那我问问你，礼貌地麻烦别人，别人最多把你拒了，你说声"打扰了，抱歉"，还有其他损失吗？

当年我得到麦肯锡的工作之后，有个同班男生挺不好意思地找我帮忙改简历。

我花了两个晚上和他一起梳理所有经历，字斟句酌地敲出来。别人教我的、我自己琢磨的经验，我都倾囊相授。

简历修改之前，他几乎没有得到过任何面试机会；修改之后，他几乎拿到了所有面试，最后如愿以偿地进入一家投资银行。

在随后十几年的职业生涯中，他是中国金融行业史上最大两次IPO（首次公开募股）的核心团队成员，现在高盛工作，依然喜欢这行。

不久前，他对我说："感谢你当时修改的简历。"我说："不不不，感谢你自己，因为你开口找我了。"

因为他特别想进投行，所以会把麻烦同学的不好意思、透露自己求职不顺的面子问题通通放在一边！这样的人，肯定会成功的。

我在MBA期间有个美国同学，只想去绿色能源或水资源相关的私募基金工作。他跟我说，这个领域的职位全美屈指可数。虽然他背景很好（沃顿商学院和高盛的工作经历），但成功率未见得高。

他为这个目标做了什么呢？他细细地研究了一遍校友库和领英，给70个陌生人写了自我介绍的邮件，要求与他们聊一聊。最后他也成功了。

等待机会与争取机会的人生，结果是不同的。

把握自己的人生，首先来源于对现实清醒的认知，明白游戏规则不以主观意志为转移，因为天上不常会掉馅饼，找工作也不例外，豁出去准备的人会有更高的概率，也会赢得更好的机会。

简言之，第一，好好找，才能找到好工作；第二，好好找，就能找到好工作！

职场与生活中每一次大的挑战都极度磨人，而磨完之后，我们脸皮确实就会厚几分，翅膀就会硬一点。

再提醒一句，很多人从一开始就会放弃，竞争并没有你想象得那么激烈。

那么，你能不能成为那个不放弃、豁出去的人呢？

第一份实习，要啥自行车

“如果我什么实习都没有，该怎么办呢？”

每次我分享怎么写简历时，都会被这样提问。简历可以包装，化平庸为神奇，但确实会有人素材单薄，令巧妇难为无米之炊。

所以你需要“不择手段”地找到第一份实习，获得职业生涯的第一桶金。现在，我直接说重点：第一份实习，不要好高骛远、挑三拣四。

有就不错了，要啥自行车！

接下来详解一下，一份实习到底能带来什么，以及你如何找到它。

01_
为什么要接受比较“差”的实习

常见的实习有这样几类。

第一种，大型企业非常系统地招募与培训，例如投行与咨询公司的 summer intern（暑期实习）。招聘流程与正式工作几乎一样，正规，严格，含金量高，竞争也很激烈。

第二种，跟随导师做的项目（尤其是硕士生和博士生），如果由知名企业或机构资助就更好了。

我读研时，大部分同学都跟随导师做过世界银行、国际金融公司、福特基金会、中国人民银行、国务院发展研究中心等机构的研究型工作。当时我们就用这些经历去敲开职场的大门。

企业、机构和高校合作研究相当普遍，读研的小伙伴们可以留意这些机会。但这很大程度上取决于你的学校、专业、导师，也许可遇而不可求。

第三种，各类带有打工性质、需要临时劳动力的非常基础的工作。

这些很多同学都尝试过，给人翻译个稿子，站地铁口发个传单，在大大小小的公司干点从贴发票到录数据的“无聊”工作。

如果你暂时没有第一、第二种机会，对第三种工作，也要豁出去争取（最好从大二、大三就开始）。

低含金量的工作，哪怕是在你师兄公司坐上两个月、不拿钱，也是很有价值的。

为什么呢？

首先，简历可以包装，可是再高明的厨子也要用原材料啊。

我的第一份实习，说多乏味有多乏味。20 世纪 90 年代末，中国还处在走向无纸化办公的过程中，有家银行招了几百个大学生，把历史上所有房贷合同都输入电脑。

那个暑假，我们散布在上海各个支行的档案室里，每天打开一本本文件夹，在厚厚的故纸里挑出关键字段（如姓名、房屋地址、面积、贷款金额），填写到统一的表格里。参数很多，一小时只能填三四本，每个都做得无聊冒烟。

这个工作要求高吗？不高，别太粗心就行。

但是，写在简历上是什么呢？

> 中国某某银行，在全国商品房贷款信息化建设项目中，查阅超过500份完整原始贷款资料，提炼关键参数录入结构化数据表中，差错率低于0.1%。

还蛮高大上的吧？每个字都是真的，没有说谎啊。

前段时间，公司组织了几场线下营销活动，就是你们在商场看到的那种，搭着展台宣传产品，现场气氛活泼，扫码有小礼品。

我们找了几个大学生帮忙，穿上统一服装，在现场穿梭，任务不复杂——如果有用户扫码出现问题，关心地解答一下；如果遇到棘手的问题，现场呼唤运营和产品的相关同事就行。

我想象她们如果认真做完，并把这次活动写在简历上，可以是什么呢？

> 在某某App线下推广系列活动中，保障现场用户体验；及时观察负责区域内用户的反应，主动热情解答疑难问题，讲解产

品亮点，协助用户完成从感兴趣到下载注册的转化流程。

每场活动后，整理汇总热点难点问题，提出优化建议，包括产品体验、话术、现场组织等；多项建议得到采纳。

这是平淡的工作，却是对互联网产品推广的真实参与。但你若除了上课啥也没干过，谁也写不出来啊。

其次，饭得一口口吃，仗得一个个打，做不了低阶的工作，你拿什么去争取高阶的工作。

即使在麦肯锡的实习，讲真，也没那么高要求，经常是这样的：

照着黄页打指定30家经销商电话，问这个型号的价格；

把指定20个企业的财报下载存好，把这些指标找出来填到Excel表格里面。

你说这些非得北、清、复、交的同学才会做吗？真的需要GPA（平均学分绩点）3.8的智商和用功程度吗？不至于吧。

但是，你想争取更好的机会，竞争自然更加激烈，你就要有更多的亮点与差异点。而这些亮点与差异点，要靠自己一步步建设起来。

我正式求职时，前述那份录入信息的实习并没有出现在简历上，因为我有了更多更好的实习经历。

但是它对我拿到第二份实习（外资银行）是有帮助的——我至少多了一个在正规银行认真干过些基础工作的亮点。这不能保证成功，但至少是加分项。而外资银行的实习经历对于我拿到麦肯锡和高盛之流的面试是有帮助的，因为我在金融行业、知名外企得到过锻炼和认可。

每个人都担心，自己不够好、不够特别，这得一步一步来，对吧？

最后，这些也许不怎么样的实习真的会改变你，让招聘方更加敢用你。

一个北大生物系的朋友跟我说，那些大一就实验做得好的同学，往往都是在家做饭的。

听起来高大上的实验，其实和做饭要求的技能差不多——在有水、有火、有电、有刀、有大量易碎物品的危险环境下，有条不紊地准确操作，而且眼明、手快、胆大、心细。

招聘方也都喜欢“做过事情”的人，因为职场上的复杂工作，要靠大量的基础工作与基础素养来支撑。譬如咨询项目，和课堂里的案例分析、参加商业计划大赛差不多——团队分工合作，共同解决一个问题，讨论、搜集信息、分析、提炼，缺一不可。

组织媒体发布会，和组织学院新年晚会也差不多——筹划节目亮点，动员老师同学表演和参与，细心安排场地、屏幕、音效、道具、串词等各种后勤工作。

做过，就是和没做过不一样。

更系统地说，一份即使不出众的实习能给予你什么？

第一，证明了你的热情——你说对金融感兴趣、对互联网感兴趣、对新媒体感兴趣、对人工智能感兴趣……口说无凭啊，你为之做过什么？

第二，证明了你的进取——你是个没有闲着的人，在学习、课外活动之余，在暑期、周末会积极争取和尝试机会，能量较高，对自己有要求。

第三，证明了你能做事——这些工作要求不高，但也要求一定技能。

新人初入职场，有些人会特别“嫩”：见到陌生人不敢说话、Excel 和 Word 这些基本办公软件还不会，有问题不敢开口，被批评几句第二天就不来上班……

你实习过，就证明自己被打磨过，能学习，能沟通，能做事，能忍耐，能对陌生人微笑。

你回想一下生平第一次去机场、第一次出国、第一次租房的感受，在陌生而嘈杂的环境中，各种信息扑面而来；再想想现在你在机场、出国、租房时是多么应付自如的。你就知道，在职场也是如此，你见识过、经历过，会变得更从容、更高效。

总结一下：第一份实习不要贪心。这时候坚持高标准，不是对自我有要求，而是对自我没有清醒的认知，俗称“眼高手低”。

正式工作需要更慎重，因为你的时间投入与机会成本高，所以实习刚好多试试错。

02_
那我上哪儿去找呢

招聘很贵。

在咨询公司、律所、投行、“四大”等“好公司”，面试官的时间成本按每小时几百至几千美元计价。每招聘一个人，就要面试十几、几十个人，成千上万美元的成本就花出去了。

更何况还有需求确定、信息发布、宣传推广、招聘会组织、海量简历筛选、笔试面试安排等大量协调管理的工作。

对于大部分公司而言，招聘都是伤神费钱的巨大工程。校招时跑一圈重点学校，就差不多相当于组织了好几场婚礼（一般办过一次婚礼的都不想再办了）。

这意味着什么？这意味着若非年度正式招聘，大型企业很可能不愿意付出这个代价。

我在麦肯锡时，即使公司有系统的实习生招募管理流程，我也在项目急需时，请师弟师妹们到各大论坛上帮忙发布招募小广告。

在亚马逊时，我们会问当时的实习生："你还有同学能来帮忙吗？"

当我在创业公司时，更是会写个需求，往朋友圈和各种群里一扔，发个红包求转。

这样的事，每天都在发生。我随手翻翻朋友圈，上周至少有两则招聘启事：一家来自埃森哲的一位朋友，你若去了就会有机会在简历上写上埃森哲这家全球知名咨询企业的名号；另一家来自互联网技术创业企业（我先生替中学同学发布的）。你不要嫌弃公司不知名，对于你是有了互联网创业公司的入门级经验，也会多认识一些从业的过来人。

因为正式渠道周期长、成本高，所以非正式渠道相当活跃。

你不用也不能总瞄准财富 500 强、投行、咨询那些凤毛麟角的暑期实习名额。这些机会，你用一张白纸已经进不去了。

而非正式的机会，要求往往没那么高，基本就是"先到者得"。

需求方可能就是你同学实习的单位、你师姐隔壁的部门、你表哥朋友的公司……你需要尽早地跟七大姑八大姨、师兄师姐、表哥表姐、导师同学、各种活动认识的小哥哥小姐姐，有礼貌地求推荐、求指点、求帮留意。

你不好意思？还是那句话，如果你被拒了，请问你有什么损失吗？

酒香也怕巷子深，除非你才华盖世、声名远播。即使你适合许多岗位，你总得先进入人家视野吧。

03_
一张白纸，我卖得出去吗

真相是，在招聘方眼里，人品比技能更重要。因此，熟人推荐特别管用。

职业生涯刚起步时，专业性要求不高。你所做的，基本靠中等的智商加基本的素养就可以搞定。

> 在高大上的上市公关公司，你也要在某个大型活动的前夜，把伴手礼和公司宣传资料一份份地装进袋子里，把第二天工作人员的盒饭订好。
>
> 在市值万亿美元的电商平台大促前，你也就是把促销产品信息录入后台，再检查一遍。
>
> 在独角兽的战略部，你也得把50家竞品的公众号、促销活动翻一遍，把动向整理总结出来。

你只有先证明自己做得了基础的工作，才敢给你做附加值更高的工作。

这时候，人品比技能重要。

什么是人品呢？简单说，就是做事让人放心。

你不会好高骛远，觉得这个工作老没意思了，做两天就怨声载道、迟到早退、打游戏、刷朋友圈，或者干脆莫名消失。

你不会粗心大意、应付应付，数字是错的，格式是乱的，布置 5 件事漏了 2 件。

你不会玻璃心、刀子嘴，遇到些困难就眼泪哗哗的，让你去隔壁部门催个文件就跟人吵起来。

一个合格的职场新人，拿出笔就记，听懂就确认，听不懂就问，专心麻利地做任何事，就是大写的赞！

先踏踏实实把事情做完，然后想多问一点、多学一点、多参与一点更有价值的事，其他人也就更愿意成全你。

其实是否“靠谱”，陌生人之间聊个把小时，未必容易看出来。面试的时候，谁都是一副彬彬有礼、专注认真而有追求的样子。假装一小时，不是那么难。

所以熟人推荐就极其有用。也就是说，你师兄在某群里说：“跟我一起给导师干过活，人很靠谱。”一句顶一万句。

那你平时是否一个靠谱的人？如果是，职场会欢迎你。

04_
怎么发动七大姑八大姨的小贴士

第一，要有稍微明确的方向，不要太宽，也不要太窄。

“我想找个实习，什么都行”，显得自己不知道自己要什么。别人不确定你愿意接受怎样的机会，也不愿冒着浪费时间的风险跟你沟通。

如果定太窄呢，不一定刚好有这样的空缺，有点让人为难，也可能错失其他相近的机会。

第二，你要降低别人帮你的成本。

我的麦肯锡前同事肖璟擅长用“收益减去成本”来分析很多日常问题。他说，想让人帮你，就要降低人家帮你的成本。

那么你要做的就是把你自己的信息，如个人基本背景、个人亮点（如 Office 软件熟练、吃苦耐劳）、求职意向、联系方式，清清楚楚地编辑成一段话或是一张图，这样师兄师姐给你往群里一丢就行。

有人说“师姐我想找个实习”，然后等我一一问清：你想做什么、什么时间段、什么要求。大家都忙，未必有空投喂你。

第三，有始有终，有礼貌，有交代。

譬如，你同时拜托许多人，找到机会后，要及时告知其他人中止。

否则，别人把你放在心上，半个月后告诉你有个好机会，你说“我早就找到了，不需要了”，多伤人。

无论对方是否推荐成功，依然要感谢。你不能只维护此刻有用的关系，不能将他人的帮助视作理所当然。

我无法穷尽所有场景，概括起来，就是尊重别人的帮助。

05_
尾声：画一下重点

第一份实习，要啥自行车！

先找到一份事情做，与你的兴趣大致相关。它能提升你的视野，也能帮你打造简历中的亮点与差异点，是你进阶的必经之路。

未必要去拼竞争激烈的机会，非正规渠道很活跃，熟人推荐很有效。所以要勇敢求助，平时注意口碑。

是有人天生光芒四射，一路保送、高考状元、奥赛金牌、国外交换、学生会主席、奖学金拿到手软……看起来所向披靡。

但这样的人，装不满一列早高峰的地铁，也撑不起中国的 GDP（国内生产总值）。

我们其他人，在人生的长跑里得一点一点来。

曾经 8 次入选 NBA（美国职业篮球联赛）全明星阵容、7 次入选 NBA 最佳阵容、2 次蝉联 NBA 常规赛最有价值球员的史蒂夫 • 纳什，在入选奈 • 史密斯篮球名人纪念堂时回忆道，高中毕业时，教练把他的比赛录像寄给 30 多所大学，没人对他感兴趣（他是个瘦瘦的白人）。

最终，他只拿到一所校队的邀请，这个学校他从来没听说过（Santa Clara University，圣克拉拉大学），但他高高兴兴地去了。

在入选名人堂的演讲结尾，他这样说道：

- 建立小目标（set small goals）。
- 实现它们（knock them off）。
- 再建立更多目标（set more goals）。
- 走上正轨（gain momentum）。
- 建立自信（build confidence）。
- 建立深深的信念（grow deep belief）。
- 比人家勤奋（outwork people）。
- 为长远努力（play the long game）。
- 你不必是被神选中的孩子（you don't have to be the chosen one）。

与君共勉。

创业圈与"不睡觉"

01_

离开麦肯锡后，我在创业公司工作数年。有一次我和几位前同事应邀回到公司，分享转行后所看到的外面的世界，以及对职业选择的反思。

对于我们，麦肯锡小伙伴们关心：

- 离开以后，外面的世界到底是怎样的？
- 是该在麦肯锡继续发展还是出去闯一闯？
- 如果终究要离开，此刻麦肯锡的生涯该如何度过才能更有帮助？

麦肯锡很有意思，从不避讳离开的话题，这些话可以当着老板问。

它更像一所学校，商业分析师是小学，咨询师是中学，项目经理是本科，副董事是研究生，董事、合伙人是博士生，资深董事是博士后……

它有著名的“非升即走”政策，即两三年内要能胜任高一级的职责，做不到就离开。一直要保持向上、向上、向上的劲头，每天生活在下一轮的倒计时中。

升还是走，有能力与运气的问题，也有个人主动选择的原因。于是就像在求学路上一样，自然要想，我还考不考研、考不考博，我喜不喜欢，我适不适合，我考不考得上，不考我去干吗呢？

那么，如今“毕业”三年多，在互联网创业江湖中摸爬滚打，我眼中外面的世界到底是怎样的呢？

02_

让我试试用一组数字来概括一下中国的创业丛林。

第一个数字：33家

让我问问你，自20世纪末第一次互联网泡沫以来，在美国上市的中国互联网或科技企业，此时市值超过人民币100亿元的有几家？

顺带说一句，因为A股要求赢利，排队较长，港股对市值与营收也有要求，再加上2018年以前没有开放同股不同权等原因，以前的公司去美股上市的较多。

答案是100家、500家还是1000家？

美股上市的中国互联网或科技企业（部分）

	名称	市值（美元，亿元）	市值（人民币，亿元）		名称	市值（美元，亿元）	市值（人民币，亿元）
1	阿里巴巴	4679	31179	31	易车网	17	113
2	百度	844	5622	32	搜房网	16	108
3	京东	543	3617	33	尚德机构	15	102
4	网易	328	2182	34	爱康国宾	14	94
5	携程	230	1534	35	搜狐	14	90
6	爱奇艺	226	1506	36	猎豹移动	13	88
7	微博	199	1327	37	乐信集团	13	87
8	中通	147	978	38	宜人贷	12	79
9	新东方	146	976	39	世纪互联	11	75
10	好未来	135	899	40	简普科技	11	71
11	汽车之家	114	761	41	途牛	10	67
12	58同城	85	570	42	畅游	9	59
13	陌陌	83	555	43	一嗨租车	9	57
14	虎牙公司	83	420	44	迅雷	7	48
15	唯品会	61	409	45	500彩票网	6	39
16	前程无忧	60	397	46	华米科技	5	37
17	新浪	59	396	47	达内科技	4	29
18	中芯国际	54	363	48	寺库	4	29
19	欢聚时代	48	318	49	聚美优品	4	24
20	百世物流	44	295	50	凤凰新媒体	3	21
21	搜狗	43	284	51	正保教育	2	16
22	哔哩哔哩	37	244	52	无忧英语	2	13
23	诺亚财富	29	195	53	乐居	2	13
24	趣店	29	195	54	UT斯达康	1	10
25	宝尊电商	29	191	55	兰亭集势	1	9
26	华柱酒店	28	188	56	信而富	1	8
27	优信集团	23	154	57	人人	1	8
28	海亮教育	21	141	58	金融界	0	3
29	慧荣科技	18	122	59	蓝汛	0	2
30	拍拍贷	18	118	60	泰克飞石	0	1

注：（1）这里排除中国石油、中国银行、中国电信这样的大型企业。
（2）分类不算严格，尽量往多算，所以把中通、尚德、爱康国宾这样不完全的互联网企业、科技企业也加上。
（3）上述市值和汇率为 2018 年 6 月末 7 月初，来自雪球、新浪财经、百度股市通。

答案是 33 家。真的。

考虑到当时股市大跌，或者我有遗漏，我将不足 100 亿元估值的企业也贴出来。也就是说，20 年来，整个与互联网、科技沾边的圈子，成功赴美上市、此时还未退市的，数量不到 100 家。

那我们再看一下，A 股市场约 3000 家上市企业中，此时市值达到 100 亿元人民币的有多少家（不限互联网、科技这些概念）？

答案是 900 多家。

那么港股呢？我去香港联合交易所官网上排序数了一数，市值超过 100 亿港元的不到 400 家。

注意，在 A 股与港股市值百亿级别的企业中，大部分是工商银行、招商银行、汇丰、平安、中海油、贵州茅台、上汽集团这样的老牌巨头与许多不同类型的新兴实业。互联网、科技、创业企业是少数。

那么，在创业路上，若是将市值 100 亿元人民币作为成功的指标，整个美股、A 股、港股的中国企业，包括在其他国家上市的（如新加坡）、没上市的（如陆金所、滴滴、大疆），以及 BAT（百度、阿里巴巴、腾讯互联网公司首字母缩写）级别企业买下的（不少还可能挂掉），20 年来，大约应该也就数百家。这组数字虽然不科学、不准确，但可以感受一下杀出重围的概率。

所以，并没有那么多同龄人在抛弃你，你也没那么容易抛弃同龄人。

第二个数字：7 岁

如果将上市作为一个里程碑，大概需要多长时间？

当年百度用了 5 年，腾讯 6 年，阿里 15 年，京东 16 年。

近年来，趣店 4 年、众安 4 年，被认为光速；拼多多 3 年，算超光速。

还未上市的，美团 8 岁，今日头条 6 岁，滴滴 6 岁，刚上市的小米 8 岁……

根据不同榜单，中国所有的“独角兽”，就是加上尚未上市而市值达到 10 亿美元的企业，有 120 到 160 家。它们现年平均 7 岁（已经排除 20 世纪成立的几个样本点，如 1992 年的首汽）。

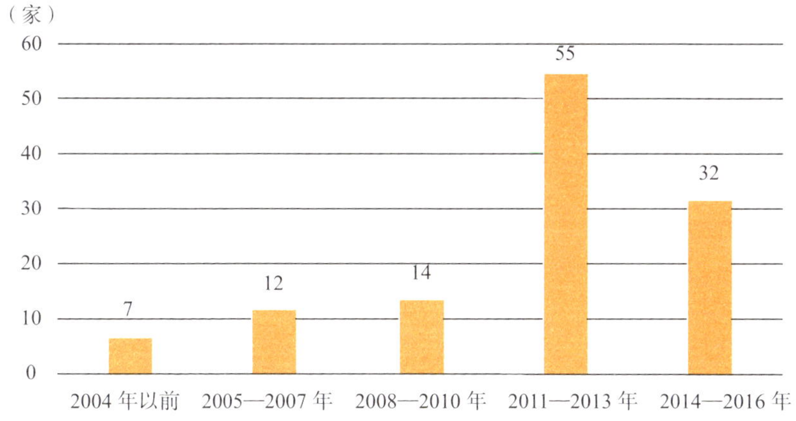

2017 年中国互联网“独角兽”成立年份

注：成立年份根据 IT 桔子《2017 年中国独角兽俱乐部榜单》。

成功，并非到成为“独角兽”或者上市那天就算完，创始团队有带大自己“孩子”的愿望与责任，不能随便离场。

不仅创业如此，其他领域也是如此。还记得2017年刷屏的“小朋友画廊”一元钱购画公益项目吗？600万人参与，1500万元善款，引爆对精神或智力障碍人群的关注。而提供画作的公益组织无障碍艺途，也坚持整整8年了。

若想成就什么，真是一场长跑。

第三个数字：15小时

在麦肯锡时，我平均每周工作大约70个小时。很多人选择离开，是想获得更多个人生活与陪伴家人的时间。

外面的世界，至少创业圈和创投圈满满都是不睡觉的故事。

我把家搬到公司旁边，每天8点半起床，不出差时尽量回家陪孩子吃晚饭（很奢侈了），21点重新上线至凌晨2点多；周末平均工作一个白天和两个晚上。

应邀回公司的那天，与我同去的另一位前同事，现在腾讯旗下某创业公司工作。他从上海搬到深圳，房子租在公司旁边，每天9点半进公司，凌晨2点半离开。

钱多、活少、离家近的工作仿佛是有的，但并不多见。

这场长跑，强度还挺高。

03_

在麦肯锡，每隔二三年的晋级，曾经是我们非常清晰明确的目标。

为客户创造显著持久的价值，固然写在墙上、挂在嘴上，而晋级盖章鉴定了我们在创造价值过程中的成绩。

大约每一个麦肯锡人都记得自己（和别人）晋级的速度，晚半年升职曾经是值得大哭一场或者失望离开的理由。

这造成一种错觉——我们以为只要足够努力，每隔两到三年，就应该有人给我们颁发一个闪闪发亮的奖章。

可是，这世界的规则并不是直线向上的。2017年让我心有戚戚然的一个事件，是网易云音乐和阿里、腾讯的版权之争。简单概括一下，腾讯音乐与阿里音乐达成版权转授权合作，就是互换曲库。于是，情怀多、版权少的网易云音乐被逼到了墙角里。就在同一天，柳暗花明，国家版权局发布了一则通告，敲打版权大户“哄抬版权授权费用、抢夺独家版权”，提出“不得以任何形式从事音乐版权集体管理活动”。

于是，网易云音乐又活了过来，但是前路依然曲折（此刻在音乐音频类，网易云音乐排名第五，前四名都是腾讯的）。

如果你关注创业公司或者大型企业的创新项目，以下这些都是日常：

- 某轮融资不到，挂了。
- 某轮增长不力，挂了。
- 行业政策调整，挂了。
- 新一代技术出现，挂了。
- A和T买了别家，挂了。
- 中美贸易开战，挂了。

• 前期增长很快，吸引强有力的对手重金入场，又挂了。

这不仅仅发生在创业公司，大型企业同样会九死一生，旗下的创新项目照样黯然离场。想要获得成功，首先需要建立一个商业模式，证明它的市场价值，其次确立竞争壁垒，在各种情况下都要经得起风吹雨打——本来就不简单。

最震动的黑天鹅事件，莫过于某位创始人突发心肌梗死离世，年仅 44 岁。接任的 CEO 说："我算过，连续两个 CEO 英年早逝的可能性很低，所以就毅然决然接任了。"

我看着这句话，思忖良久，既想笑，又想流泪。

04_

那么在类似网易云音乐百转千回的命运中，什么样的人会不那么在乎？

大约只能是热爱音乐的团队吧。

喜欢一件事情，走进一座森林，东张西望，每天发现一点风景，懂得一点陷阱，然后参与建造这座森林，种一些树在风雨里长大。

如果我们选择一座长期来看比较大的森林，长大的机会还是会有的。

如此看来，外面的世界和麦肯锡也没有那么大的不同。会有一场又一场的"UP OR OUT"（不"晋"则退），也会遭遇深深的挫败，不一定闪闪绽放。

支撑这场长跑的是对功名利禄的强大欲望，但每个跑了一阵子的人都会告诉你，仅仅靠获得成功的欲望是不够的。

就像成为麦肯锡合伙人，若不享受日复一日压榨脑力、体力的过程，很多人也会选择退出这个游戏。

在我创业的过程中，支撑我的，也许就是每一次上限和下限被刷新的时候。上限是指能力的上限，而下限是指豌豆公主不会知道的下限。

另一个麦肯锡前同事“狐狸君”在25岁时出书，并登上亚马逊畅销书榜，拿到风投，然后与合伙人在发展路径上产生意见分歧，收摊走人。

他接受过高薪工作，但对于金融教育这事儿始终无法释怀。停更779天后，他重新开始写公号“很帅的投资客”。他说：“我也不知道自己能坚持多久，但我就是很想继续做下去。”

这大概就是对的状态吧。

那天同去的另一位前合伙人认为，终究，最重要的就是“提炼”自己到底喜欢什么。

我喜欢他用的“提炼”这个词，它很麦肯锡，从庞大、凌乱、流动的信息中逼近真相。理解世界，了解自我，就是这样。

地球缓缓转动，有热与凉，有黑与光。无论选择怎样的道路，愿能享受这个历程，甘之如饴，百炼成钢。

第三章

我在麦肯锡学到的智慧

生活没有正确答案，生活老是不断“超纲”，
而我们已不再是在高考试卷前，
写下既定答案、等待被人打分的孩子。
我们是解题者，是乐观向上的解题者。

我的前半生，是个做咨询的

01_

根据亦舒小说改编的电视剧《我的前半生》一度大火，只是主人公的职业背景改成了咨询师。知乎上有匿名读者评论道：“做了快 10 年的咨询，一直都很难跟十八线城市的亲戚朋友解释我到底是干啥的……现在电视一播，科普倒是免了……”

感同身受，咧嘴大笑。

因为十多年前，我进入麦肯锡作咨询时，我姑姑认真地问我：“麦肯锡和麦当劳、肯德基是什么关系？”现在至少朋友圈里借着此剧科普了一番，什么是咨询，什么是 MBB（麦肯锡、波士顿、贝恩，全球三大咨询公司英文名称首字母缩写），以及咨询行业的项目经理是否养得起电视剧的女主角罗子君同学。

02_

那么，电视剧《我的前半生》里两位咨询师贺涵与唐晶的客观数字之争，究竟会不会发生？

复盘一下：

> 唐晶说：“我是一个咨询顾问，我这么多年刻苦努力的学习实践，就是希望用各种方法计算出一个客观公正的数据结论。”
>
> 贺涵说：“准确讲，你应该以你多年所学的各种方法，计算出一个人家想要的数据结论。数据是死的，那数据怎么排列组合导出结论，这是活的。拿人钱财，与人消灾嘛。我们要时刻心系客户，体验他们的悲观和快乐情绪，并且与他们站在同一条战线上！”

这是很典型的问题。客户嫌我们做得数字小而怒气冲冲的情况，我确实遇到过。

首先，两个人是恋人关系，根本就不会在一个项目上。

麦肯锡对恋爱、婚姻绝无限制，结婚的也不在少数（青春年少时，天天十五六个小时在一起吃苦受罪，特别容易培养感情）。

但正式确定关系，就要周知、回避。

每个项目结束后领导都会给下属打分、总结，那贺涵给女朋友的评价是否不公平？

夫妻两个人一起装修房子都容易吵起来，如果在同一个团队工作，需要更大的智慧把事业和家庭分开，把专业和感情分开。男朋友在生活中，最好不要挑剔女朋友，但是在项目上，必须较真，那女朋友的 PPT 你是改还是不改呢?

其次，MBB 的老板，绝对不会像贺涵那样说出“拿人钱财，与人消灾嘛”的话，因为这样说太不专业了。

即使有心这样做，也不适合违背公司的长久价值观。

最后，贺涵在客户面前说的话并没有错。

唐晶之前提出 2% 的市场份额提升的预估，是基于一些过往的经验。我认为，如果能够引入更多的资源投入，吸引到更多市场活动费用，那么 5%~7% 之间的增长，应该是没有问题。问题的关键并不在于 2% 还是 7% 的市场份额提升，而是这个提升需要付出的代价。

比方说，我跟客户说，明年可以卖 20 亿，客户要卖 50 亿。

当然可以啊!

卖 20 亿，投入市场费用 3000 万，今年净亏 2000 万，第四季度开始止损。

卖 50 亿，投入市场费用至少 1 亿，今年亏 5000 多万，一年半以后才有希望止损。

看您怎么选。

改变数字，不是谎言；不说出改变后的其他影响，才是谎言。

就我在麦肯锡的经验，我们会给客户提升目标，但不会睁眼瞎说，客户也就不需要付出更高的代价。

每一个好的咨询顾问，也爱惜自己的羽毛。

03_

一直以来，这个行业（尤其是排名前三的 MBB）头顶光圈，也备受嘲笑。

头顶光圈，是因为 MBB 的精英名声。它们号称只招最聪敏的人，只给最厉害的公司做最有价值的事。

备受嘲笑，是因为它们常常被人说，咨询顾问给的方案往往是纸上谈兵，项目过后即被束之高阁。

有一个经典笑话可以概括对咨询顾问的诟病：

一个小伙子跑到大草原上，对牧羊的老先生说：“我来帮您算算您有多少只羊吧。如果算对了，给我一只羊作为报酬。”

然后，他动用了各种高级工具，如卫星拍摄、抽样统计、建模估算……

得出结论后，小伙子得意扬扬地抱起一只羊。

老先生说：“如果我能说出你是哪个公司的，您能把它还给我吗？”

“好啊。”

“你是麦肯锡的。”

“为什么？”

“首先，你不请自来；其次，你告诉了我一件我已经知道的事；最后，你抱走的不是羊，是我的牧羊犬。”

出于自卫，我总是主动给别人讲这个故事，反正要被黑，不如先自黑。

笑话里有部分真相。确实，咨询顾问往往不如客户在这个行业与问题中浸淫得时间久，他们会用最快的方法去搜集现有信息，数月后给出一个答案，却留下了“告诉你已经知道的事实”以及“羊和狗都分不清”的名声。

我所认识的离开麦肯锡的人，最常见的两个原因是：一是工作辛苦，顾不上家庭与生活；二是想沉浸在某个行业里，去真正分清“羊”和“狗”。

04_

这类嘲笑，在我自己的前半生中高频出现，所以我对它格外认真。从业 7 年，我无时无刻不在想：客户为什么愿意付出这么高的费用雇用我们，难道仅仅是因为，需要一个金字招牌做出客户想要的答案，被人当枪使吗？

认真盘点自己 7 年来所做的所有项目，最常见的是三种情况。

第一种，客户进入新的领域。

大部分机构的业务都是在动态成长中，它们会进入新的领域。例如，联想收购 IBM（国际商业机器公司）的 PC（个人计算机）业务，做全球性的并购与并购整合。跨国企业进入新兴国家的市场，例如，从中国到非洲，从南美到东南亚。布局新产业，例如，超市做电商，银行做科技金融，政府部门起草《慈善法》……

这都很容易理解。

但是，这些领域对某个组织或机构是新的，在世界范围内、在人类历史上，并不是。

那么，咨询公司（或者相关专业性公司）有这方面的 know-how（专业技能），就可以助客户一臂之力。

我做过多个跨国企业首次进入中国市场的项目，客户团队连一个会说中文的都没有。想象你现在去斯里兰卡开个公司，那么找一个全球知名咨询机构做研究与启动方案，比现有团队或者招聘团队去做更容易一些。

第二种，客户需要中立的意见。

有人的地方，就有斗争；有利益冲突的地方，就有谎言。

全球老大给中国老大定 KPI（关键绩效指标），中国老大或许有动力把市场容量报低一点（销售目标定太高不好完成），或许有动力把市场潜力报高一点（要钱、要人、要总部重视这个市场），这时候，有公信力的第三方中立意见就会有帮助。咨询报告也许说了一堆客户内部都知道的事，但从第三方嘴里说出来就是价值。第三方要保持中立确实很困难。如果是中国老大付钱，那么咨询公司做市场模型的时候，要多大的定力才能违背他的意愿。

我只能说，知名的咨询公司卖的就是自己的公信力，不敢轻易砸自己的招牌。

长期利益与短期利益的冲突，在所有的生意中都存在，这时候考验的正是这个公司的水准、机制与文化。

第三种，客户需要偶发的、专业的、高效的帮助。

与律师行业做个类比——每家大公司都有法务，来保证经营的合规性，但公司不能养上百个律师，覆盖所有的部门。

也许天天有合同要审核，却不是天天要打劳务纠纷的官司，也不是天天要去美国上市。这时候，就会选择外部的律所来提供专门的支持。商业领域也是如此，全盘的战略规划、流程的重新梳理、激励体系的重新设计，往往若干年才做一次，或是在业务发展到一定阶段后才出现需求。

我见过有些零售企业，从一年开 5 家店变成一年开 40 家店时，质量会全面下滑。因为管 5 家店靠人，管 40 家店就要靠管控流程。而这些流程，要从头建立与实施。

当甲方发现，我们需要在短期内快速地、保质保量地做一件事，而我们内部又没有足够的人手或经验时，乙方就闪亮登场了。

总不能招聘一批员工，做完这个项目再把他们解雇了。

所以，咨询公司和所有的乙方（律师、会计师、广告公司、公关公司、培训公司等）其实一样。在某些领域，客户不熟悉之处，你就得做得多、做得专、做得强，当然也有成本上、资源上、经验上的优势。即使客户内部可以做的事，第三方也可以提供中立的意见；而且外包具有不确定的工作量，保持人员上的灵活性也可以尽可能做到保质保量。

至于做得好或者不好，全看乙方的水平了。4A 公司做的广告未必都令客户满意，同样，MBB 那么贵，接的活儿都是难题，拼尽智力体力后做的答案有没有用，也是见仁见智。

我深爱麦肯锡，也被认为是“被麦肯锡洗脑洗得比较彻底与成功”的麦肯锡人。

在我眼里，它的好，不因为它是咨询公司，咨询只是提供了一个不断被客户雇用去解决新难题的环境，而是因为，在面对这种“不断解决新难题”的挑战中，它构建了一套精英主义体系，并告诉每一名雇员：

- 你的客户值得最好的。
- 你做的事是最重要的。
- 你是最有潜力的。
- 你的团队是最优秀的。
- 因此，请你做成最好的。

这未必都是真的，然而在这种追求的指引下，对职业经理人的早期训练就包罗万象——“压榨”潜能，从说话到写字，从做数到做人。

和其他卓越的大公司没什么不同，和每一个不甘平凡的职场人也没什么不同。

这就是我的前半生——有种种遗憾，有种种值得反省之处，却也令我感激终生。

案例面试：工作中的解题思维

我曾经从事了7年的咨询工作，帮助客户分析所面临的问题，提出解决方案的建议，所涉及的领域覆盖不同行业、不同职能和不同的细分市场。

咨询行业的招聘一般采用案例面试的形式：模拟工作场景，给出一个问题，用30至60分钟时间与应聘者开展讨论。例如，某某公司去年在中国的销售额大幅下降，该怎么办？

经年累月，我给朋友做过大约100次模拟面试。我将准备案例面试需要的6种思维方式称为“逃离高考”，意思就是从等待别人打分的孩子，变成参与解决问题的成人。

这些思维方式绝非麦肯锡独有，诸多优秀的机构与人群，都会激发、强化这些思维方式。可以这么说，这些思维方式基本可保你永不失业，即使人工智能也无法取代。

为什么这么说？解决问题与高考解题的思维方式究竟又有何不同？

01_
你能全力以赴吗

毕业那年，我决定一边申请出国，一边找工作。心里想：如果拿到好学校，就去读书；如果拿到好工作，就去工作。就像我认识的很多人一样，会一边申请出国，一边考研，一边考公务员，一边找工作。这看似不算错。年轻的时候不知道自己想要什么，所以这样可以分散风险，不把鸡蛋放在一个篮子里，也算正常的反应。

因为害怕有所失去，所以不曾全力以赴；因为不曾全力以赴，所以失去如期而至。如同《三体》中可以从“宇宙社会学”的两条简单公理推导出黑暗丛林法则一般，我也可以用两条公理，试着论证这种患得患失的不理性。

公理一：距离 = 时间 × 速度

你现在的水准和自己想达到的水准，是需要奔跑的距离。在这个距离上，投入更多的时间、心血，就可以跑得更快、跑得更远。

公理二：相对距离 = F（相对时间或相对速度）

千军万马与你一起奔向同一目标，而总有人比你离得近，却还跑得快、睡得少。

我在沃顿商学院读书时，大约有二三十个同学找我做模拟案例面试，本科、硕士、MBA 都有，也不分中国人和外国人。我吃惊地发现，他们模拟的数量一般在 50 个以上，这还仅仅是针对三家咨询公司。

我第一次听到这个数字时，内心十分震动，因为我自己当年只做了十来个。虽然他们已经在沃顿商学院，背景出色，专业对口，但他们共同的行为法则是一样的——凡事抱着志在必得之心。

与高考不同，找工作是第一次目标不再由他人设定，目标不再唯一，目标不再以分数排名。在这空前的自由中，人生可以有多样化自主的选择。而我们总得开始学习选择，并学习品尝失去的苦涩与承担放弃的代价。

然而一旦选择，就要给自己的目标和对手以足够的尊重。

02_
你能成为“思考伙伴”吗

麦肯锡真实的工作场景，非常接近模拟案例面试的状态。项目一开始，或者三五个人坐一起，或者项目经理和你一对一，一起讨论这事儿从何着手。

没有标准答案，所以需要讨论。每个人最好都有思考能力，最好都能贡献意见。三五个人七嘴八舌，比大老板自己一个人想标准答案效果好。所以，我总是鼓励大家说，在面试中或工作场合中不要胆怯，不要总掂量着“我有没有猜到正确答案”，而是“我们一起来想想，怎么解决这个问题”。

中国小朋友被“高考答题”“老师打分”荼毒太深，不容易有一起思考、共同探讨的环境。所以面试的时候，应该默念三遍，“他是我室友，他是我室友，他是我室友”，把对方当作平等的思考伙伴。能平等思考的人，在解决问题时才有贡献。就像我们结婚，也想找个遇事儿能一起扛的伙伴。即使有时需要服从领导决定、收起个人意见，我们也不要因此放弃独立思考，而是应该在思考中把自己变得强大，从而能在未来独当一面地解决问题。

03_ 你知道自己到底要干吗

下面是十多年前，我在麦肯锡案例面试的第一段对话：

“有一种新药，治儿童哮喘的，包装成巧克力的样子，该怎么营销？”

“我重复一下，看我是否理解了？”

“好。”

“有一种儿童巧克力，可以治哮喘……”

“不是巧克力，是药，长成巧克力的样子。”

“哦哦哦，是处方药还是非处方药？”

“处方药。”

这时候才算进入轨道。

但凡准备过案例面试的人，都会遵循上述套路——要概括重述一下问题，确保自己听懂了；可以反问澄清，确认一些需要的信息。

职场，不是高考，发了考卷，不许说话，给你条件，解出答案。你去买杯星巴克，店员也会问你“要什么口味”“多大杯型”“凉的热的”“加奶油吗”“怎么付款”“带走还是在这儿喝”“食品折扣券用吗”……因为，经过良好训练的星巴克店员，是想真正满足你的需求。所以要学会正确的对话沟通，明确你到底要一杯怎样的咖啡、一次怎样的服务。

若你只说“给我杯咖啡”，对方麻利地给你做了一杯，我称之为“假勤奋”“瞎折腾”。可惜，我们在生活中，常常给人端上一杯人家不想要的咖啡。而一个负责任的产品经理、项目经理或品牌经理，都会将需求彻底弄清楚，确保自己采取的行动、交付的结果，能真正解决问题。

04_
你会算数，但你知道算数是为什么吗

案例面试的时候，一个常见题型就是计算。譬如，请算出一种高端酸奶的市场规模。

答案有套路，并不复杂，例如：

中国人口 × 目标人群比例 × 人均消费量 × 单价 = 市场规模。

有纸、有笔，对中国学生来说，这点计算量根本不值一提。在过程中，说明思路，草稿干净，合理假设，练练也就会了。

然而，当算出答案后，我喜欢问一句，市场规模是 10 亿元，说明什么呢？

这时，对方会一脸懵圈状，心里想：答案不是算出来了吗？

确实，这道题是答完了，因为它考察的是：

第一，对一个复杂的问题是否有思路；

第二，对数字是否有基本的敏感度；

第三，是否有常识，例如中国人口有多少，假设每个人一年消费多少酸奶比较合理。

然而，更重要的问题是，你算这个数字是为什么？

如果一家VC（风险投资）考虑要投资某个高端酸奶创业品牌，那么10亿元的市场规模有前途吗？

如果一家酸奶企业在制订明年销售目标，那么10亿元的市场规模，对它的战略意味着什么？

在高考答题中，我们从不需要面对真实的问题——世界上并没有一个浴缸，一边在哗哗放水，一边在哗哗进水，并问多少小时放满。

所以，曾经的我们只要做出一个数字答案，就算胜利。

现在的我们，依然几乎天天在算数，会了解促销结果，会总结推送后的阅读量，会提供各种精美的指标图表。然后，这些数字说明什么？哪里做得好或不好？为什么？怎么改进？

我们所处的时代，数据的价值被强调到滥，无人不谈KPI、大数据。其实大部分工种分析数据，还用不上高精尖的技能，也远远赶不上高数、概率、回归、动态方程的难度。如果需要复杂的模型，自然有相关的专家来深入研究。

但重要的是，我们要清楚做分析、看数据，究竟是为解决什么问题。在数据的星空中，保持方向感，才是驾驭数据的正确姿势。

05_
你会背框架，但你背框架是为什么

框架是指一些已经确立的、高度提炼的理论范式。例如，当我们探讨一家公司的营销策略时，会想到4P理论［product（产品）、price（价格）、promotion（促销）、place（渠道）］。当我们不知道如何讨论营销策略时，就可以从 4P 理论框架中提供的 4 个角度入手。

当我们准备案例面试，或是在职场上学习新知、解决新问题时，也往往会去记一些理论框架。

框架是利器，死记硬背框架却害人。

一方面，框架（结构化）能帮助我们把一个复杂的大问题切分成小问题，变得容易入手。

案例面试的时候，有所准备的小伙伴都能说出一些框架。例如，会从 4C［customer（顾客）、competitor（竞品）、company（公司）、cost（成本）］的角度来分析某个公司的经营问题。朗朗上口，结构匀称，看上去很美。

另一方面，框架只是一些关键词，重要的是关键词背后的含义。你用这个4C，你用的是它的什么呢？你又为什么用4C解决问题呢？

如果那家 VC 要投资酸奶企业，那么看 customer，可能是为了分析市场空间是否够大、增长是否够快、用户是否有未被满足的需求，最终帮助企业判断要不要投资。

如果那家酸奶企业去年销售大幅下滑，那么同样看 customer，可能是为了观察用户行为是否发生重大变化（例如，选择了更便宜或者更富有个性口味的酸奶），最终判断这一因素是否为造成销售下滑的主因。

大问题变了，关键词所指向的小问题也跟着改变。最终，我们回答每一个小问题，是为解决那个大问题。高考教导我们，想到什么都要写上去，好歹能拿点分儿；可不顾一切地去做点什么，于解题帮助实在有限。

我现在很专制地不许自己团队小伙伴使用思维导图这个工具。因为它和框架关键词一样，容易用形式上的结构化掩盖思想上的模糊性。不知道自己要什么，框架与格式再漂亮也是不知所云；知道了要什么，写分析思路、工作计划、会议纪要、产品需求，就是用纯文本也可以讲清楚。

06_
你能想想办法吗

英文中有个夸人的词——resourceful，它不仅是指资源多（例如财富多、人脉广），更指方法多。

比如，半夜热水壶的电源线坏了，我先生灵机一动，用接口一样的打印机电源线试试，果然能用。面对没有遇到过的新问题，不是两手一摊的样子，就是“resourceful”。

某天夜里 10 点多，我一个同事微信急问，能否找一个设计师，出一张店面设计效果图。关键是明天就要。我们公司的设计师只做线上产品设计，这大半夜的，上哪儿去找个明天就能出图的立体空间设计师啊。我先问公司的设计师，虽然他们自己不能做，但总比我认识的设计师多啊。我又联系刚刚给北京职场做完装修的师傅，请他帮忙问问。然后我电话给房地产行业的表哥，他公司里总有几个做样板房的设计师吧。同时，我抱着一线希望微信联系从事家居软装设计工作的朋友，看看能否帮忙。

一通病急乱投医。

23 点 22 分，我们终于联系上了一位设计师，并讲完了需求。

解决这个问题的关键，并非这事儿有多难，而是我们是否有决心搞定它。我有过一秒钟的犹疑：要不跟同事拖延一下？要不跟同事说我也不认识这样的设计师？在压力与陌生情境下，如果一退缩，就肯定搞不定。但中国有那么多空间设计师，我们就找不到一个了？

保持镇定，运用常识，很多问题是可以搞定的。在案例面试的时候，你也会被问道："如何搞定一件事？"例如，"这个数据，你从哪儿找？""这个调研，你怎么做呢？""这个问题，你找谁问呢？"是的，麦肯锡有庞大的案例库，有 24 小时专门帮你搜集信息的团队，有全球都可以一个电话打过去请教问题的专家。但是，总会有些问题，是没有正规途径可以按部就班解决的。

高考考题，不能超纲，而生活，总是在不断地"超纲"。

那么，就请保持镇定，运用常识，想想办法。

简而言之，这 6 种思维方式就是：选择做出决定，选择独立思考，选择想想办法；知道自己究竟要解决什么问题，做数据时知道，做任何事时都知道。前者，是自我驱动的人生，需要拿出乐观与勇气；后者，是解决问题的人生，需要追求大局与成效。

在麦肯锡或者任何一个优秀的集体中，我们会学到具体的技巧，诸如怎么写 PPT，怎么做 Excel，怎么与人沟通，等等。但真正塑造我们的，是周围人始终自我驱动、解决问题的状态。

有一年广交会期间，酒店爆满，连续四晚，只有香港一夜、广州一夜、香港一夜、广州一夜的房间。我的项目经理带领我们每天在城际穿梭——白天出现在广州客户面前，早晚搭乘火车汽车回港，旅途中开会讨论，回酒店挑灯做出模型。关键是，项目经理做这样的选择，如此不假思索，仿佛天经地义。

某个凌晨四五点，我退房前匆匆拉开窗帘向外一瞥，维多利亚港湾的海面上朝阳升起，万道光芒，那一刻勇气焕发，永生难忘。

生活没有正确答案，生活老是不断“超纲”，而我们已不再是在高考试卷前，写下既定答案、等待被人打分的孩子。

我们是解题者，是乐观向上的解题者。

给新人的 4 条职场建议

现在的职场鸡汤又美又多，“善于学习”“拥抱不确定的生活”“学会在拒绝中找机遇”……可是，第一，记不住，第二，用不来，是不是？

对于职场新手，这些看起来全是真理、做起来无从下手的箴言，却帮助有限。我想分享 4 条职场建议，全是领导、同事给我的小贴士，经过多年试练，它们已变成我的习惯，而且实操性强。

01_
新人如何开会发言

“我来总结一下，看看我理解的对不对。”

不少新人都希望有所表现，在大大小小的会议中参与讨论，而不是个没有存在感的“小透明”。但是，众目睽睽之下，哪个新人没有一点紧张，怕问傻问题，怕说傻观点。

那么，你可以尝试在讨论告一段落时，弱弱地说一句："那我来总结一下，看看我理解的对不对？"

举个例子，有次公司讨论怎么优化商标图案，设计师在微信群里扔出几个方案，大家一通点赞，"设计师辛苦啦""老板发个红包吧""能不能再圆一点""我不喜欢那个""要像企鹅一点"……

持续两小时的七嘴八舌后，我说："那我来确认一下，大家的意思是：（1）用卡通形象，不用字母组合；（2）方案一和方案二最接近理想；（3）卡通形象是兔子的变体；（4）整体是圆形；（5）调子要呆、萌、暖……对吗？"

然后领导回答"对"，讨论结束，设计师执行去了。

这样做，好处太多啦！

其一，这不太难吧？微信群里"爬楼"，会议上回看笔记，就可以做到。

其二，总结很必要。哪有讨论不"歪楼"、不跑题的，讨论到最后，貌似大家都明白了，但没有总结，印象还真是模模糊糊的。

其三，结语"对吗"很重要。"对吗"表示我只是谦逊地征求意见，再次澄清一些模糊之处。如果你是下一步的执行者更需要澄清，保证理解正确。

其四，对自己是很好的训练。专心听讲，善于总结，对自己的角色定位不是"到此一游"或是"插个嘴"，而是对整个会议、项目目标要有理解与把握。

渐渐地，你就用这样的方式进入大家的视野，对职场发言也有经验啦！（别人也会在心里想，这孩子挺认真、挺负责、挺有条理。）

最后提醒一下，总结要编号，有条理，方便大家反驳澄清；同时，“对吗”很重要。

02_
新人如何请求帮助？“画靶子，求拍砖”

十多年前，我在麦肯锡的第一个项目，让我紧张得每天走进办公室心都在嗓子眼，哭过好几次鼻子。有一天，我和大领导（一个德国人）同车去客户那里。一路上，我愁容满面，因为有件事我不会做，又不敢开口问。

这时大领导的建议让我受用了一辈子，他说：“Ask questions with options!”意思就是，带着靶子求拍砖！

举个例子，领导简单布置了任务，我不会，去问同事。

方法 A：“亲，我不知道怎么做，你给我讲讲。”

方法 B：“亲，我这样想，你看对不对。”

我当然用方法 B 啦！当你不知道该怎么做时，先自己扔出个方案来当“靶子”。不管你的理解有多错误，不管你的初步方案有多烂，绝对比“我不知道该怎么办，你告诉我”强！

为啥呢？

其一，所有人都更擅长评论，跟带男朋友回家同理。

你问你妈，对男朋友有要求吗？

她说，没有，你喜欢就好！

你真带人回来，“太丑了”“太胖了”“太老了”“穿得太潮了”“不要学文科的”……意见一大堆！

因为真实方案往面前一放，立刻激发各种反应，而一张大白纸，更加可能得到的答案是“都行啊”“等我想想啊”。

其二，不要让人觉得你没有努力过，把自己的挑战丢给别人。

你知道吗？你用方法 A，被问的同事心里一堆不情愿：

“这不是你的活儿吗，凭什么我帮你想？”

“大方向说了，细节也要我想啊？”

“一点点困难就说不会了，试也不试？什么态度！”

对新人，大家其实都愿意“扶上马，送一程”，但是都不愿意托管只会说“我不会”的小宝宝。当你拿上草图求拍砖时，你传递的信号是“我上路了，我会努力，请求支援”。

其三，让别人更清楚你需要什么帮助。

当你想过备选答案，把想法丢出来，帮助你的人才知道你的水平如何，你思考到了哪一步，他们才能更有针对性地给建议。

如果给别人一张大白纸，别人的提点可能是你早已想过的，并没用；或者别人的建议依然太高屋建瓴，不知道从何下手……所以，千万不要怕你的方案太烂，基于上述三点好处，把真实想法亮出来，批评能帮你走得更远。

03_
新人如何避免加班

千万别憋大招，而应小步快跑，快速迭代！

加班的元凶（除了某些领导特别变态，专门周五晚上发活周一要，至少我没有遇到过）是方向错了，重做！

一千个人心中有一千个哈姆雷特，如果你埋头一星期，搞出个“逗比”文案，领导却想要一个《人民日报》社论体的，你能不加班吗？怎么破？早请示晚汇报，鸡汤体叫“及时沟通”。

接到任务，当天（以后熟练了变成“当场”）想想打算怎么做？首先，邮件、微信、口头说给领导听。其次，每隔一两天（长的项目每周，频率不能低于每周），计划、方案、进展、难点等给领导一个更新（字不用多，会不用长）。最后，提前预约老板的时间，问问老板（或者秘书）下周出差吗、周四有空吗。好处是，一方面及时得到反馈，避免吭哧吭哧做出方向不一致的东西；另一方面，给出项目节点，给出自己“死期”。这样，老板、团队和自己，对项目的方向、进度、节奏都有个底。（来不及可以延期哦，但一开始得有个谱儿。）

举个例子，我周一例会布置任务。其中一个同事当天告诉我，他今天去导用户数据，但数据量比较大，估计要跑一整天；明天写初稿，找设计画图，简洁高大上，300字以内，晚上让我抽时间看看，可以吗？

我立马就安心啦，不会一天三催，有建议马上提，周二晚上留时间看方案，不会拖到周五让团队加班修改。

所以，千万别憋大招，不要打算等项目结束时亮瞎所有人的眼。吓坏人的可能性也是很高的，加班指数也会直线上升啊！

04_
新人如何受人欢迎

感谢感谢再感谢，赞扬赞扬再赞扬！

这年头，有“独角兽”，没有独行侠。你告诉我，在职场上有哪件事只需要自己就可以搞定？如果没有，那么请让自己成为受欢迎的人，懂得感谢就是第一步。感谢是有技巧的，它其实反映了做人的态度。

首先，对所有人都感谢，将它变成一种习惯。

- 前台的小姑娘帮你收个快递，谢谢！
- 楼下的滴滴司机多等了你 5 分钟，谢谢！
- 隔壁的设计师熬夜给你画图，谢谢！
- 乙方的公关公司（虽然你是甲方）情人节为你加班，谢谢！
- 你加班，妈妈帮你洗晒了衣服，谢谢！

职场中有很多模糊的界限，别人不是理所当然应该帮你干杂活、熬夜、加班的。一个懂得感谢的人，才能激发更多的人，帮助你也帮助更多的人。

其次，在老板面前要给别人荣光，自己不争功。

前一阵，我的团队完成一个任务，群里一片赞扬，我私信给负责的小男生：“快，去感谢下给你导数据的开发哥哥，@他们。”如果短期你收获了所有荣誉，那么长期就没人跟你干了。

再次，花一点额外的小心思，为别人多做一些。

我在商学院做助教时，联系过一个外面的大咖来校讲座。我怎么感谢呢？

大咖表示之前有个电话会议，于是我在教学楼里提前订了个会议室，让他可以坐着、有网络、安静地打这个电话。大咖的秘书前后费了不少功夫，我写封邮件说“谢谢”，又网购个小礼物（读书时我很穷，只花了几美元）快递给她，秘书收到后给我回了封好甜的邮件。或许以后这门课再请他们会容易点。

这并不难，对帮你收快递的小姑娘，微笑地对她说“添麻烦了”，有时候给她也带杯酸奶。

最后，也是大招，发现别人优点，然后说出来！

我在麦肯锡工作的第一年被批得满头包，甚至怀疑自己要被开除了。有一个普通话说不利索的香港哥哥是项目经理，他跟我说：“我来告诉你，你的优点。”于是，我就从这个项目开始满血复活了。

表扬人要尽量具体些，要告诉领导、团队、同事（对，不仅仅对下属），他的强项是什么，哪个方面做得好，支持他们重复最优行为。不是“你真棒哦”，而是“你做的表格逻辑特别清晰，对数据处理很有天分，加油”；不是“你辛苦了”，而是“这么耐心地把所有人的意见整理出来，想得周到，我得学习”；不是“你好能干”，而是“我知道你同时有七八个项目进行，还能考虑周全，怎么做到的”。

在我离开麦肯锡之前，麦肯锡在新人培训中增加了一项——“基于优点的反馈”（strength-based feedback），就是每个人要学会表扬别人。有科学实验证明，赞扬传递正能量，增加个人信心，提高团队表现。

这样做也有功利的好处。但总体上我相信，人不能太功利，不能只拍领导马屁，只笼络对自己有用的人，只呵护下次肯定还用得到的关系，而是要尊重别人的付出，激发别人的潜能，传递正能量。

这些年，我也没有能完全做到，有时一忙就顾不上了，我也说过狠话，拍过桌子，伤害过别人的自尊。我一直在反思，说出别人的优点有没有必要、有没有成效。说好话，尤其是只说好话、说违心的好话，也不见得是正确的事。这个话题太深。但是，职场新人可以试试传递正能量，从谢谢开始！

- 从“不敢说”到“我总结”。
- 从“我不会”到“求拍砖”。
- 从“憋大招”到“早请示晚汇报”。
- 从“谁也不认识”到“我好感谢你”。

刚刚出发的职场新人，崭新的世界这样在你面前打开，一切都来得及。

怼老板前的5个思考

我发现自己还挺偏爱这种敢说话的类型。因为，一个人能企及的最高高度，就是自己的高度，领导再高明，也总有盲区。一个想法丢出去，如果全是佛系赞同，没人参赞建言，让人挺心慌的。而坚持己见的人，肯将“做事”的优先级置于“做人”之上，而且这些人还没被磨平棱角，为了辨明优劣曲直，不轻言服从妥协。

然而，过犹不及。每一次与人冲突，都如同钉下一枚钉子，即使拔出，痕迹犹在。彼此心里坑坑洼洼的，很难心无芥蒂地并肩作战。

想给你讲讲，我以前在麦肯锡与老板发生的一桩蠢事。怼老板不一定错，而未经思考的怼，那是一定错。

01_
蠢出高度的怼老板往事

十多年前，我是麦肯锡二年级的商业分析师，当时正在做一个重型工业设备的市场战略和并购项目。当时，我已经过了初入职场的生涩期。像一只熟悉了环境的小猫，我从“大衣柜”底下钻了出来，神气活现地走来走去，时不时要骄傲地“喵喵呜”两声。项目中期，领导飞到韩国首尔去见客户，会后，项目经理给我电话，说我们在汇报里说，这种设备的中国市场价格去年有所下降，但客户表示“没有这个印象”。他让我“赶快给几个经销商打电话，确认一下”。

我立刻反驳说：“这种设备有柴油的、电动的，有载重 3 吨的、5 吨的甚至 10 吨的，有原装进口、代工生产和本土品牌的……不同季节、不同地区的价格也会波动。我没法快速确认一下。

“而且，经销商是我们宝贵的信息资源，后续免不了麻烦他们；人家也很忙，我不想贸然打扰，问出不够专业的问题。”

我自认有理有据，建议“选取几个有代表性的型号，等你回来讨论一下”。项目经理快要起飞，不及细论，坚持我先去确认。年轻气盛的我，一个电话打给了项目副董事（嗯，我真的干了这样的事），然后赶在项目经理关机前，得意扬扬地回复他：“××× 也同意我今天先不做。”我估计项目经理坐在飞机上，心里有一千头羊驼飞奔而过，不知道有没有憋出内伤。事情的经过就是这样的，如果有时光穿梭机，我很愿意回去给年轻的自己一顿胖揍。

02_
怼老板的 5 个问题

我就一定正确吗？

那时的我，深信自己正确。其实，咨询新手很容易出现这种过度分析的倾向，什么都想非常系统细致地研究一番。公司教了十八般华丽武艺，好像总舍不得不用一下。时至今日，我也会选择很快问一圈熟悉这个市场的人“大致的印象”，以判断这个分析是否值得花时间，应该做得多深、多细。而且，被客户挑战事实错误，在麦肯锡算挺严重的，所以反应速度宁快勿慢。这个见识，我当时确实没有。很久以后，在互联网行业才多少适应“撸起袖子去做，通过反馈再去迭代”的方式。有时候我们自以为真理在握，却看不到当时视野的局限。而老板毕竟是老板，阅历通常会更丰富一些。

这是必争之处吗？

退一步说，若我有道理，那么按老板意思做，后果会有多严重？是否一定值得坚持己见到这个程度？我刚开始做互联网运营时，经常与产品经理意见相左，大到 App 首页页面的布局，小到 logo（标识）要不要用渐变色，双方时不时相持不下。我很烦恼，跑去请教一个有近 10 年 BAT 经验的资深运营朋友：是因为我的意见不专业或者沟通方式不对，还是他天生骄傲不愿理我。朋友听我诉苦一小时，没有正面回答。

他平静地说：“我们昨天发了 App 新版，群里七嘴八舌几十条意见，我只说了一点，‘但是产品和开发决定加班先解决这个点’。”“什么点呢？”我不由好奇地问。他接着说：“新用户注册时，图片验证码的分辨率较低，造成用户反复多次输错，很多用户就放弃注册了。产品经理重视这个问题，因为它影响用户使用流程的闭环。至于页面布局、logo 颜色对体验固然有影响，但不够重要。”

“你要打必须要打的仗。”朋友说。

我懂了。即使我的意见有几分道理，但是，这真的重要吗？非如此不可吗？

处处要求，处处坚持，容易让人觉得纠缠细枝末节，合作起来费劲儿。回到十多年前，如果我“快速打扰几个经销商”，即使劳而无功，也无非多花了一两个小时，无非需要对经销商大叔们加倍客气一些。换言之，后果不严重。英文有句话叫“choose your battles wisely”，直译为“聪明地选择打什么仗”，说的就是要杠得少而精，不要做“杠精”。

我该服从大局吗？

亚马逊有 14 条领导力准则，就是提倡的企业文化。其中一条叫“不同意但执行”（disagree and commit），意思是——敢于说不，但是一旦决定形成，就尊重决定并为之全力以赴。我觉得这是一条完美诠释职业精神的准则。独立思考，不轻信、不盲从；然而，能够服从大局。

士兵想法多，不是坏事，不想当将军的士兵不是好士兵，但是每个士兵如果不按照自己的打法就不肯进攻，这仗还怎么打下去。在我明确地提出建议后，领导明确地没有接受，我应该如何选择呢？又有哪个老板不喜欢执行力强的下属呢？

我必须越级投诉（或者引入第三方）吗？

这些年，陆续有几位小伙伴向我越级投诉他们的领导，这时我会问他们 4 个问题 .

第一，你和领导的矛盾，是较为严重的问题吗？

如果不是，江湖就会流传开：这个孩子会为小事越级投诉，这样哪个领导还敢收你？职场上并没有完全不透风的墙，是为口碑。

第二，你和领导谁对组织更重要？

尽管领导不完美，但他通常承担了更为重要的责任，有更卓越的技能，领导的领导更愿意保护谁的积极性？

第三，你和领导谁对你想去的部门更重要？

换个部门，你是要重新学起的新人，即使有人力编制，通常也不难招到。而两个部门的领导将来抬头不见低头见，还要常常配合协作。那么，你是否值得那个部门为你得罪人？

第四，你现在的岗位、领导，综合来看是否还不错？

你的领导尽管不完美，你能从他这儿继续学东西吗？这个岗位，无论是实质内容还是品牌职衔，对你的职业发展有帮助吗？

问完这 4 个问题，通常我建议小伙伴冷静一下，我也会三缄其口。如果他还是希望离岗，那也不要和自己的领导闹僵，在合适的时机，以类似“职业发展目标”这样的理由寻求机会。

回到十多年前，项目经理正在使出浑身解数隆隆地推进工作，他们是难以取代的重要角色。即使当时领导的领导性格温和，对我让步，也不是职场的常态。

如果矛盾激化到必须取舍，别人不会站在我这一边。

我想过他的感受吗？

怼老板这事发生后，我向同在麦肯锡的朋友说起。她这样问我：“你想过他的感受吗？”当时，这个客户同时在麦肯锡开着五六个项目，是当年全球前十的大单，甚至公司成立了一个专门协调这五六个项目的项目。简言之，客户备受关注，人人累到脸色发青。

这也是他第一次担任项目经理的角色，也在学习中。等我自己见习项目经理以后，才充分体会到这种不易。就像一个新手司机，刹车、油门、路况、行人、路线等事事需要关注，事事需要妥帖，必须开一阵子才会熟练。

我们习惯视领导为强者，其实领导有时候是很无奈的一种角色。

每个人在职场上都不会永远驾轻就熟。那么我作为下属、团队一员，能否换个更有支撑力的态度，助他一臂之力，而不是添乱添堵呢？

再换个角度，当我们自己遇到这样的时刻，是希望别人苛求批评还是支持理解呢？

03_
珍惜肯跟你讲道理的人

总结一下，与老板意见不同当然不一定是你的错。脑子明白的老板，都懂得独立思考的团队的价值。而未经思考的直接冲突，几乎一定错。所以遇到矛盾请先问自己 5 个问题：

- 我就一定正确吗？
- 这是必争之处吗？
- 我该服从大局吗？
- 我必须越级报告吗？
- 我想过他的感受吗？

这里有理性的利弊权衡，也有感性的理解体谅。如果思考后依然觉得需要怼，我也就不拦着你了。

而在开篇所述的这个事件中，我最大的收获是：职场上遇到几个肯讲道理给你听的人，是多么幸运。

我们早年的学校教育注重具体知识，少有方法、规则、人情世故。如何知人用人、处世做事，许多都是靠自己的观察领悟与良师益友的言传身教。如果在职业生涯早期，遇到企业文化好、行事有章法的公司，或者几个既明理又肯教的同事，我们将一生受益。

此事发生后的相当长一段时间，我总认为自己对。在某个深夜，就着红酒，向两个朋友吐槽，而他俩不约而同地、直言不讳地反问了我一大堆问题，指出了我一大堆问题。

我也不算蠢到家，有人点拨一下就明白了；若没有人说，成长可能会慢一点，或者要付出更大代价。要知道，他们并不一定有义务教你，他们可以看你在生活中碰得头破血流，但是他们用一个也许当时不让你舒服的方式，让你成为更好的自己。

珍惜自己走错的每一步，珍惜每一个指路的人。

高效始于想清楚、说清楚、问清楚

我喜欢把事情做成！废话，谁喜欢劳而无功、浪费生命呢？

我喜欢多、快、好、省地把事情做成！废话，谁喜欢加班加点、急赤白脸呢？

可是，我们常常瞎折腾，折腾自己、折腾别人、被人折腾。诸如，费心写个活泼搞笑风格的公号文章，结果领导要《人民日报》社论风格的。加班！返工！挨训！郁闷！

你怎么不早说？

你怎么不早问？

这你都没想到？

对不起，我没理解你的意思！

哎呀，我多说一句就好了！

在职场，这样的场景简直可以被列为加班的第一大元凶。

在麦肯锡有一套工具，可以避免瞎折腾，让团队尽量在大方向上达成共识，这也是麦肯锡解决问题方法论的第一步（注意，这是第一步），术语称为定义问题（defining the problem）；Autumn之大白话版称为，一开始就想清楚，不清楚就问清楚。

01_

定义目标，明确要解决的问题，似乎地球人都知道这个道理。

举起手机订个外卖，本能地想想要解决什么问题：几个人吃、点什么口味、花多少钱、多快送到……不想这些怎么订啊？

设计外卖App的产品经理也会想想：嗯，这个App要解决什么问题，要提供菜单、价格、配送信息……想过之后才给我们设计了这些功能。

说穿了，“定义目标”谁都用过，不神秘。然而，有些任务似乎不容易想清楚，或者我们一着急，没想好就动手做了。

我有过一段真实经历。公司拿到某个行业会展的免费广告位，在现场的42英寸（约107厘米）屏幕上轮播几页图片。我请团队小伙伴准备文案素材。这事儿并不难，因为公司已经积累了较多宣传素材。

两天后，我拿到初稿，发现一个问题：素材中有一半图片文案，每页密密麻麻200多字。这是一个人山人海的大会现场，应该像机场地铁大屏幕广告一样，大字大图，只需要精炼易懂的核心信息。在现场轮播，与会者匆匆而过，不会从头看到尾。所以每一个画面应该都有公司名字和一两句关键信息。这是国内最大软件企业发起的会议，与会者以技术负责人为主，应该突出我们的技术能力。

我也算职场达人，自以为交代清楚了背景，也自以为团队可以理解，然而，或许因为匆忙、着急，或许因为少沟通了几句，交付物失之千里。我们只好周末都郁闷地来加班。

02_

那么，为什么我们要瞎折腾？为什么不早定义清楚目标呢？

有时，领导和团队、甲方和乙方、部门A和部门B会互相抱怨——你怎么不想？你怎么不问？你怎么不说？

我当过甲方、乙方、老板、下属，我发现瞎折腾的情形有三种：

其一，任务提出者，自己没有想清楚。

“我老板（公司、客户）自己都不知道自己要什么！”这种抱怨，听着耳熟吧？

订个外卖，问同伴：“你想吃什么？”“我想想啊。”

你拿了主意点了菜，他说：“我不想吃这个。”“那你不早说！”

其二，任务提出者，认为合作者有能力想清楚。

每个人对自己、对别人都有预期，对刚毕业的，我们会多交代几句；对有经验的，我们说到一定程度就打住，因为信赖对方的专业能力。

当双方预期不同就容易出现问题。若有人啰啰唆唆向工作多年的你反复交代，你觉得他管得太细：“讲那么多干吗，浪费时间，不信任我就别让我做了，说目的和背景就行了，我又不是刚毕业！”

然而，少说一句，又可能会出现加班重做，大家一起捶胸顿足的情形，一方认为“这个你用脚趾头也应该想到，这还要我说吗，还要问吗”；另一方则认为“这个你应该告诉我，我怎么知道”。

伤精神，伤感情。

其三，任务提出者，认为对方想不清楚会来问。

任务提出者在沟通任务时会说：“这个事情，应该……”而潜台词是，如果你还有不清楚的地方，请发起讨论。我们却可能选择不沟通，做了再说，一是担心对方忙，二是认为自己肯定对，三是一时也不知该问什么。讲真，“做了再说”的结果往往挺糟糕的。

03_

我们在执行任务中，无论是什么角色，都要宁可前置思考，前置沟通：让自己想清楚，帮对方想清楚，大家都不清楚的就一起想清楚。越不熟悉的团队，越早期的项目，越陌生的任务，就越要多想想、多问问，一般没错。一旦克服了磨合期，效率就会成倍提高。

那么，怎么算想清楚了呢？想些什么呢？

麦肯锡有一个“定义问题工作表”，我做了些修改提供给大家：

在任务开始时，需就以下问题达成共识：

（1）成果给谁看，给谁用？

例如，这份简历投向互联网公司（所以要突出相关的经验与能力）；这是第一次跟他开会（所以讨论前要交代前因后果）。

（2）在什么场景播放和使用？

例如，这个广告在嘈杂环境里播放（所以画面重要，不要配音）。

（3）用什么方式展示？

PPT 还是 Word 文档，流程图还是财务报表，电话还是邮件，群组沟通还是现场会议，长篇大论还是提纲挈领，定性分析还是定量分析……总之，开工前先想想怎样能达成效果。

（4）怎样算成功？

这个项目是为了名还是为了利，衡量指标是什么，提升多少算满意……如果事先不能达成共识，后期全是泪。

（5）限制条件是什么？

项目有多少预算，能招人吗，能裁员吗，可外包吗，有部门能配合吗……

（6）项目时限是多久？

很多情况下，按时完成比完美完成更为重要。如果去接机，专程洗了车、买了鲜花，却让客户在机场多等两小时，这是理想的结果吗？

（7）其他利益相关方是谁？

还有谁需要参与项目决策、发表意见、提出需求、提供资源呢？（所以要排出时间，沟通讨论，这一点非常容易漏掉。）

（8）最核心的要求是什么？

回答了前 7 个问题，一般就能知道项目的核心要素是什么：也许是风格，也许是时效，也许是预算，也许是精度。多问几句，抓住重点。

（9）哪些条件可以放松？

这个问题虽然没有完美的答案，但做事也需要用“二八法则”。

比如，想订个性价比高、带游泳池的酒店，搜索半天没有找到，那么是牺牲时间（继续上天入地地搜索）、牺牲游泳池，还是牺牲预算呢？办法就是：沟通决策，提高效率。

综上，看起来定义问题的工作量非常大，然而你会发现，不想就做可能花费的时间更多。

在麦肯锡，从每个项目、每个细分模块、每个小任务开始，大家都会一起坐下来，把问题定义一遍。渐渐地，这种训练会成为你的本能，能让你更快地思考问题、提出问题、澄清问题。

04_

职场上的任务多种多样：文件、邮件、软件、广告、产品、App、网站、活动、计划、预算、流程、制度、简历、汇报、会议……大任务，值得花好几个小时甚至几天讨论、推敲；小任务，花几秒钟过过脑子。

思考的过程时常没有多么复杂，无非就是一句“我们到底要做什么”。

一件事能否做成，有太多控制不了的因素，时代与机遇、背景与环境，天资与性情……而我们所能掌控的，只不过是自己、当下和眼前的努力。

既然做了，就尽量不折腾自己、不折腾别人、不被人折腾。从“想清楚、说清楚、问清楚”开始，把节约的生命都“浪费”在美好的事物上吧。

麦肯锡思维：大卸八块，化繁为简

是否真有所谓的咨询思维？如果有，可以用它来思考问题吗？答案是，有，它就是麦肯锡思维，而且麦肯锡思维很系统、规范，也很通用易懂。任何专业的大学毕业生培训一周就可上岗，还能每天收客户上千美元的咨询费用，各种行业、各个领域的项目还都适用。

我一向很烦那些华而不实的职场金句，而麦肯锡思维方法不玄乎！这一方法的麦肯锡术语称作“结构化问题”（structuring），用大白话说就是：大卸八块，化繁为简。

01_

职场上与生活中的许多事让我们想起来，脑袋就“嗡”的一下，太复杂。上班交通时间太长怎么办——开车、地铁、搭车、共享单车，怎么组合能节约时间；路上时间能利用起来吗；老板会同意在家办公吗，在家办公会影响效率和印象分吗；是否搬家呢，是租房还是买房，如果买房钱够吗，还贷压力会大吗；生活方便吗，先生上班、孩子上幼儿园会受影响吗……

哎呀呀，一团乱麻……

咨询行业接的企业管理项目，往往也是这样的大课题。“战略规划”这简简单单四个字里，常常包含了行业趋势、监管方向、国际经验、市场预测、用户分析、竞品研究、现状诊断、落地举措、财务规划、组织人员……每一个模块都够烧脑。麦肯锡思维方法对付一团乱麻的神器之一，就是把大问题拆成“子”问题，把“子”问题拆成“孙子”问题，把“孙子”问题拆成“曾孙子”问题。对每一个“曾孙子”问题下手，一次解决一个“曾孙子”问题，这就是“结构化问题”。

02_

在我们的生活中，结构化问题实在太普遍了。诗歌有起承转合，小说有章回目录；开会有日程安排，团队有组织架构；营销有 4P、4C，战略有波特五力、SWOT 分析（态势分析法）；手机 App 有各个 tab 标签（具有切换内容交互属性的导航），网站有 site map（网站地图）；产品经理爱画思维导图，乾隆皇帝主持编纂的《四库全书》还分个经、史、子、集。

这一生，你填过多少表格、列过多少提纲、写过多少小标题？

说穿了，谁都用过，不神秘。

03_

这样做好处很多，做起来也不难。

其一，将大问题拆解到“曾孙子”问题，就容易下手。

比如申请美国MBA，申请是个大工程，拆开后难度则会降低。从准备MBA到GMAT考试，从GMAT作文到两种作文之一的驳论文（analyses of an argument），从熟悉七八种要反驳的常见错误到先熟悉其中一种错误……如今天晚上只熟悉其中一种逻辑错误，还难吗？

把战略规划逐步拆解到研究七八家竞品公司，从研究其中一家竞品公司到了解一家竞品公司的销售策略，再到打听该公司在过去一年给某渠道的经销商返点政策是什么，还难吗？

是的，我们在麦肯锡就是这么干的！即使你不会，提出一个“曾孙子”问题，也很容易得到有效的帮助。“我不会GMAT作文”和“我不太理解其中一种逻辑错误”，解决的方式、得到的答案会不同。我们自己往前多走一点，别人帮我们也更有针对性一点。

其二，方便安排时间。

有时候，我们看起来有很多很多时间。CEO催我：“官网一个月以后能否上线？”能啊，不就是一些静态页面，不复杂，还有整整一个月呢。开始拆解：内容要一个字一个字地写出来，产品经理要设计交互，设计师要把它变得美美的，开发要实现、要测试，还要买域名，要ICP（网络内容服务商）备案……每一步大家都需要思考、讨论、修改、拍板，还要和各自手头其他事儿统筹安排时间。

一个月已经很紧了。

最好的办法就是预先把整个过程都列出来（至少列个大概），估计每一步的时间，给自己和团队设置截止时间（deadline），这样才能有条不紊地按期交付。

这也是为什么在麦肯锡，项目一般三五个月，每个人面对的截止时间却是按天甚至按小时计算的。领导常常交给你一个任务，一旦拆解开，你或许会发现时间不够用。项目开始时提出时间问题比临期发现来不及更好。拿着拆解出来的步骤去争取更多时间、更多人手，或者让领导了解你的工作量，也更有说服力。

至今，我每周、每天、每个项目、每个夜晚、每份报告、每篇文字、每件事，都会迅速分解步骤，估摸一下时间。有时在便签纸上，有时在给团队的邮件中，有时在脑海里。我常常会发现，虽然有十几个待办事项，但这周时间安排得过来，今天还可以去跟先生看场电影！

其三，帮助排优先级。

列出“曾孙子”问题，排出需要的时间，就可以逼迫我们减少纠结。

解决问题也要断、舍、离。没有什么决定是完美的，没有什么内容可以无限地完善，设计没有最美只有更美，预算可以准确再准确，招聘可以面试5个候选人也可以面试100个候选人。但若时限很重要，就得即刻拍板。

有个前同事喜欢说：“有时候，完成比完美重要。”而拆解可以帮助你发现，是否能奢侈地去完美，也可以帮你发现哪里该完美，哪里该完成。

其四，便于分工合作。

你或许不能把财务预测这个大问题扔给团队，但可以把收入预测、成本预测分给两个人，或者把国内市场预测、海外市场预测分给两个人，抑或把产品 A 预测、产品 B 预测分给两个人。大部分工作是团队作业。在家里，若出国旅行，我负责订机票、酒店，先生负责签证、租车等事宜。一个人精力有限，拆开就好分工，拆开就可以群策群力；三个和尚没水吃，拆开也便于责任落实到人。

其五，运用已有知识。

你大概已经发现，拆解时已经运用了对某个问题的具体认知。

若没有最基本的财务知识，你想不到要按照收入、成本来分解。

若不了解公司业务，你不知能否从产品 A 与产品 B 的角度来区别对待。

若没有做互联网产品的常识，你不会切割需求、交互、设计、开发、测试这些环节。

咨询行业拆解问题，并没有固定的模式，它包含了对客户问题的理解，也会依据场景调整。相传，麦肯锡有很多模型、很多案例，其实每个项目都会参考而非照搬。

当构建一个完整结构时，我们已经在了解与思索：为解决这个问题，我们从哪里着手，哪些元素是重要的。

当我对某个问题一无所知时，我会快速维基一下、谷歌一下、百度一下、知乎一下，或者问一问别人，然后用常识在我脑海里形成一个自己的结构化框架。这大约就是传说中的“快速学习”了。冯唐说过，“管理学是常识的科学”。大部分时候我们学习，依靠的是基本的阅读、提问、理解、归纳能力。

听起来有点玄妙，其实不难。就算你从来没有写过商业计划书，去看看别人的商业计划书总会吧？虽然看完你还不是专家，却也完成了自己从 0 到 0.1 的突破，大概知道商业计划书分为哪几个模块，每个模块又包含哪些重点信息。拆解的过程本身，就是不断理解这个知识领域的过程。你越不断深入，结构化也会越准确、越完整。

04_

熟悉这一方法的朋友或许会说，结构化哪有那么简单，要做到 MECE（mutually exclusive，collectively exhaustive）——常译作“相互独立，完全穷尽”，或者“不重、不漏”——才行呢！

是的。

MECE 是结构化的至高标准。不重，指切开的子问题不要互相交叠。例如财务预测，一个人负责产品 A，一个人负责海外市场，这样就切得不干净，海外市场的 A 产品谁管呢？不漏，指切开的子问题涵盖了所有需要考虑的因素。如果海外市场的预期贡献可能挺大，忘记做了，可就糗大了。

但是在现实生活中，做到不重、不漏其实非常困难，也极度罕见。

结构化问题的时候，我们常常运用已有知识自动忽略某些问题。例如，你经济比较宽裕，旅行时就会不考虑预算问题，不研究航班酒店价格，不留意用银联卡还是 VISA 信用卡划算。或者有些“曾孙子”问题难免会交织翻滚到一起。例如，换新工作，你会选择行业、公司、岗位、团队、薪酬等，而这些元素往往相互关联。

对于做不到完美的不重、不漏，我的建议是：先做到差不多就行。因为，没有一个结构化是必须完美而贯穿始终的。文章列个提纲，写着写着，会偏离了原定构思，会补充遗漏的观点，花费的时间或许会超过预期。

那又如何呢？我们可以沿途调整完善。基于上述 5 点好处，结构化问题还是“磨刀不误砍柴工”的。

05_

结构化问题，对我有特殊的镇静作用。

我的生活挺忙碌，一份工作、一个公号、一个孩子、一个家、一个自己，时常让我有应接不暇之感。任何问题刚刚出现时，我都是慌乱的。

然后，我就开始拆解，将无从着手的问题理出头绪，自己就能安静下来，同时还能估计工作量，分出轻重缓急。

若我的待办事项满满而又心绪不宁，就从最简单的做起。慢慢地做，专注地做，一项项地做，就进入了工作状态。每划掉一个待办事项，每写完一页 PPT，就多一点轻松、多一点成就感。

职场与生活的困境，如潮水涨落，永不停息。饭得一口口地吃，仗得一个个地打，人生得一步步地往前走。

所有解决过的问题，都是一枚给自己的勋章，你能佩戴在心里。

追问一句“so what”

有一次，我在麦肯锡校友群里请教问题，多啰唆了几句，马上就被截断了：啰唆那么多，你到底想问啥？

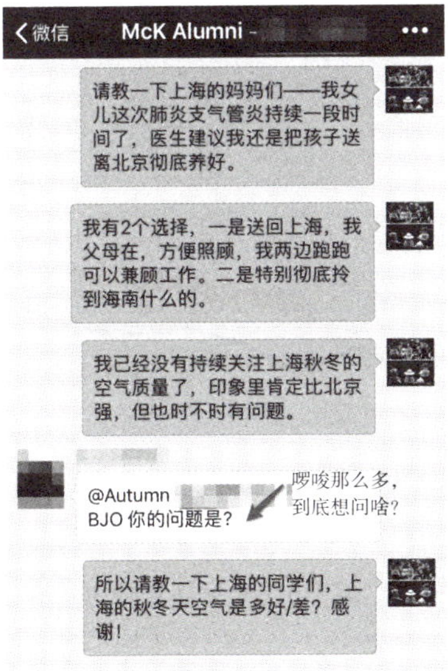

这是麦肯锡人的职业病，对废话、啰唆的容忍度比较低。我也挺不好意思，赶快收住说重点。

在职场上，你肯定也遇到过：这个报告好长啊，到底啥结论？月度总结几百行数字，想说明什么呢？开会讲半天，接下来怎么办呢？我们花费许多时间进行各种口头和书面的沟通，怎么才能避免堆砌信息，而是言之有物、言之有用地解决问题呢？

在麦肯锡，方法就是对信息追问一句“so what”，可以译为“所以呢”“然后呢”“那又说明什么呢”。只有两个单词的问句，却是一把撒手锏，帮助我们压榨信息背后的意义与结论，提高思考的深度与沟通的效率。

01_
什么是“so what”

初入麦肯锡学习PPT时，有一个简单的案例曾让我大跌眼镜。同样一组数字绘制成图表，却得出三种截然不同的结论。

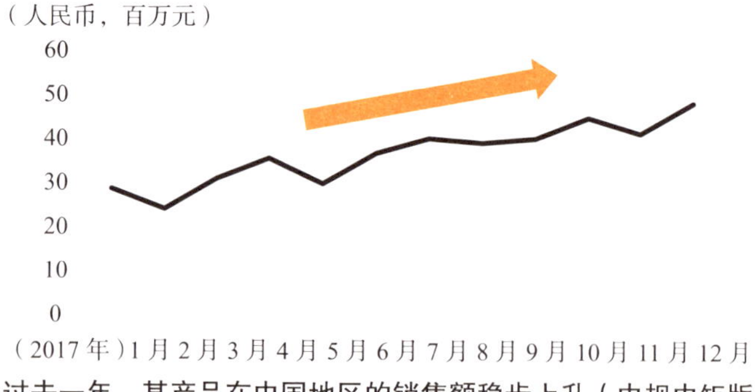

过去一年，某产品在中国地区的销售额稳步上升（中规中矩版）

上图是“中规中矩版”，用箭头勾勒出大致的增长趋势。从图中可以发现，增长有点起伏，但总体上升的趋势还是相当清晰的。

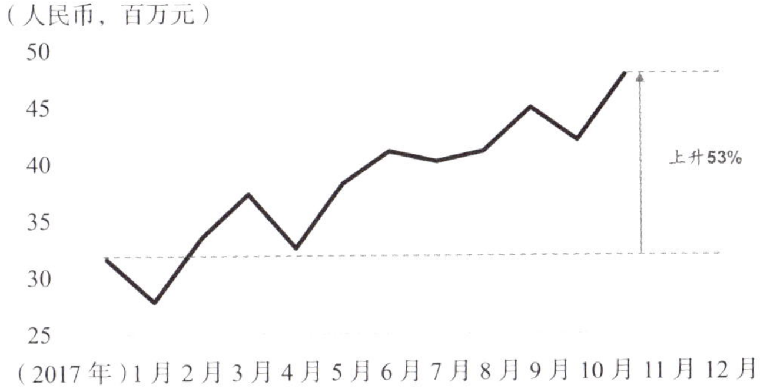

过去一年，某产品在中国地区的销售额大幅提高（要年终奖版）

上图可以称为“要年终奖版”，它将刻度起点故意从0调整为25，在视觉上突出了增长的幅度。从年初到年终增长53%，称得上大幅提高。

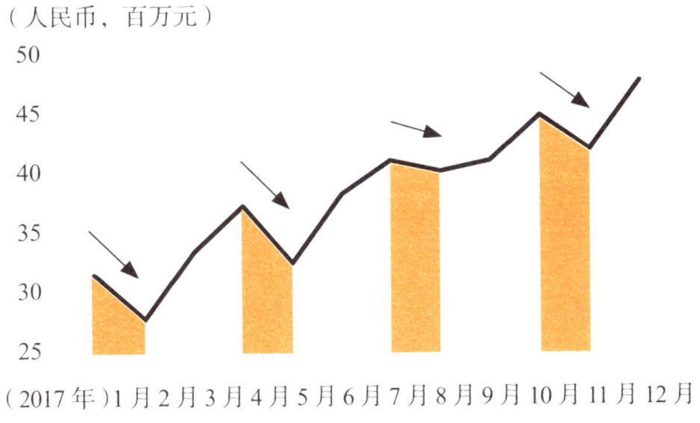

过去一年，某产品在中国地区的销售额经常波动（突出问题版）

上图被称为“突出问题版”，所以你会发现，销售整体趋势确实在上升，涨幅也不能算小，但通过箭头来强调数字下降的月份，能引起对业绩波动的关注。

这三个结论彼此之间并不矛盾，甚至还会出现在同一份报告中。

“要年终奖版”或许令领导与团队发现，一年来辛苦奔波，回头一看，成绩单还颇为亮眼。于是，论功行赏，士气大振，喜气洋洋开始新的征程。而“突出问题版”或许会引起思考，这些波动是什么原因造成的（如前期疯狂促销对后期的侵蚀），是否要调整策略。

事实本身是有价值的，因此解读应当基于事实。

不过，若你汇报工作时仅仅读出销售数字，比如，“这是今年的销售，1月是……2月是……”领导难免会打断你：“嘿，你到底想说啥？”若老板不打断你，大家只是过一遍事实，没有发现，没有启示，没有行动，这个会议又有多少帮助呢？堆砌事实，是一种低效的勤奋。说的人受累，听的人受罪。

所谓“so what”就是通过追问来压榨信息背后的意义，推动解决问题，帮助达成目标。

02_
“so what”的用途有多广泛

追问意义，提炼结论，仅仅适用于长篇大论的咨询报告吗？并非如此。

案例A：营销预算

我做营销工作时，有一次某个产品要增加10%的市场推广费。

团队告诉我，项目合作方请我们提交一下预算。我在休假，小伙伴准备了初稿，发给我看。我打开 Excel 表格一看，预算很好，基本信息清晰准确，但转念一想，我又有点纳闷——为什么合作方要求补做一个预算呢？此前对方已经了解增加费用的原因；现在增加了 10%，随便口算一下也知道是多少钱。也就是说，这个表格里的每个数字，他都早已知道。

我问了问做预算的小伙伴："你知道为什么要做这个吗？他有什么新问题呢？"小伙伴说："不知道。"那我们就先来问一问。原来，合作方对 10% 这个幅度有点迟疑，他需要的其实并非是要花多少钱，而是为什么是 10%，或者说比起 5% 或者 15%，10% 对销售和利润的影响到底是多大。

明确目标后，我拎起电话，给对方解释了一下定为 10% 的原因（说明我们以前没有讲清楚）。做 Excel 表格的小伙伴颇花费了心思，我也很骄傲，不枉我们几次持续到夜里的 Excel 内部培训。但是这个表格，经不起一句"so what"的追问。也就是说，看了这些数字的人可以追问一句："我知道加 10% 后的费用是多少，那又怎么样呢？我的问题还是没有得到解答啊。"每一个分析都有自己的使命，不能解决问题的分析都是瞎忙活。

案例 B：会议纪要

曾经收到过一份会议纪要。这份纪要非常像样，用表格形式列出主题、时间、人物、地点。内容如下：

• 各产品的交易情况。

• 用户数据情况。

• 平台流量情况。

• 资金数据管理：交易运营、用户、客服等。

有做会议纪要的意识，主动发出会议纪要，这都做得非常好。不过这个会议纪要到底想说什么呢？看完后我一头雾水，深呼吸三次。会议就这些关键词进行了什么讨论？得出了哪些主要结论？后续要做些什么？谁来负责？什么时候交付？清清楚楚列出议题，只是说明聊过这些关键词，但这次会议的“so what”是什么？开会是为了解决问题，那如何解决的呢？

案例 C：求职简历

看简历的时候，我见过有人曾在不知名的企业工作，会在这家企业后面补充一行小字，解释一下这个企业的业务，或者突出企业的亮点。譬如，“某公司（股票代码）旗下全资私募基金，管理资产 ××× 亿元”。交代公司背景，并不是必需的，大部分招聘者不需要你解释淘宝或者中国银行是做什么的。但这行小字的潜台词是，这家公司也许你没听说过（比如 A 股就有 3000 多家企业，即使上市公司也是隔行如隔山，许多你连听也没听过），但它规模不小、行业领先、人才济济、相当专业。

进一步的 so what 是，我在领先企业见识过、磨炼过，这就给职场经历加分了。更重要的是，我知道他思考过，所以才这样写，说明他是个带脑子说话的人。

这些案例涉及完全不同的产物（预算、纪要、简历），却有共通之处。

我们绝大部分的工作不是为了自我欣赏，它们都有受众，都有目标，都有需要解决的问题，都要追求言之有物、言之有用。

03_
如何学会追问“so what”

在生活中，你会发现一些人，与他们一交手，就觉得他们是明白人。沟通起来时，他们观点犀利，逻辑清晰，事实详略得当，措辞形式恰当……与这样的人一起合作，我时常觉得心里一松、空气一轻，事情忽然都变简单了。

无论他们显得多么反应迅速、举重若轻，我知道，这种本事其实是练出来的。在麦肯锡，我们要进行三种练习。

练习一：追问目标

在项目实施前，要反复厘清这项工作究竟会起什么作用。

这没有想象中的那么容易。如上一节营销预算案例，你心里可能会有一些不同层次的目标：刚开始，想做个营销预算，满足对方让我做预算的要求；接下来，想做出分析，能解答对方真正关心的问题；更进一步，希望这个分析不仅准确，还能让对方快速听懂、认同（如果不认同，也提出有价值的质疑），向前推进。

一直追问自己的目标，直到最后一层。

练习二：分析受众

思考这次沟通的对方是什么人，他有什么特点，他在什么场景下接受这个信息，怎么让他更能理解和接受。例如，他很忙，所以要言简意赅、先说重点；他认为密密麻麻的 Excel 表格看起来很费时间，所以应该提纲挈领地说明结论和思路，帮助他快速理解和接受；他可能会问一些问题，所以事实与逻辑要经得起询问与推敲。

练习三：压榨 so what

用 so what 来穷追猛打，十分剽悍有效。比方要开一个例会：

我想说：上个月销量额是 5000 万元。

追问：所以呢？

我说：同比增长了 50%，超过 30% 的目标，业绩很好。

追问：所以呢？

我说：上个月推广效果很好，因为有所创新，如 ×××、×××。

追问：所以呢？

我说：这个月应该继续尝试 ×××，预计可以带来很多好处，比如……

追问：所以呢？

然后，我会提出下一步计划，讲明利害，争取支持；讲清困难，争取帮助。在层层追问下，从基本事实到事实背后的启示，最终着眼于后续策略与行动。如果事先明确目标是“证明上次活动的成绩，从而争取领导对后续方案的支持”，就可以更胸有成竹、直捣黄龙地进行沟通。平时我们自己就可以扮演这个压榨者的角色。

这三个练习，我每天都在进行。练习的机会举目皆是，如开好每个会、打磨每个方案、写清每个邮件。因为每多尝试一次，就更熟练一点。

04_
追问 so what 是伴随一生的底层能力

日常中，到处都有长篇大论的信息、分析、讨论，而更重要的是它们的含义、结论，以及最终如何帮助解决问题、达成目标。追问 so what 是一种适用范围极广的方法，能够帮助我们言之有物、言之有用。所以，我们对每项工作都要进行前置思考的反复练习：追问目标，分析受众，压榨 so what。

在不同的领域，人们都会穷尽一生钻研不同的技巧。然而，就像致富需要路、建设需要电、生活需要爱一样，有些能力是一种“基础设施”。世界在变，技术在变，兴趣在变，所以你的一生会做各种不同的事，但这种底层能力的精进不会变质浪费。

我第一次转行时，已经过了 35 岁。我也担心，自己只做过麦肯锡咨询师，能否适应外面的世界。然后我发现，咨询师要研究总结事实，争取解答客户问题；做营销，同样要研究总结事实，从用户洞察到行业趋势，从促销结果到产品表现，最终找到提升业绩的答案。两者有相通之处。而且，我依然要说话、要撰写、要计划、要分析，依然要解决问题，依然要沟通协作。换过几种工作、担任过不同角色后，人到中年的我反而再也没有担心过失业和落伍。

我们需要不断刷新知识，但我们的底层能力，诸如学习、沟通、分析、思考，将伴随一生，所以能进一寸就有进一寸的功效。

最后友情提示：知乎上有个神翻译，“so what = 呵呵”。对方说句什么，直接一句 so what 砸过去，可能非常“杠”，大家领会精神，不要把天聊死哈。

MBTI 测试如何能帮到我们

在麦肯锡，MBTI 性格测试及其应用是一门必修课。从入职培训到升级培训，我在麦肯锡大约被培训了四五次。麦肯锡每一个咨询项目伊始，攒成一个新团队的时候，就要先互相交代一遍自己的 MBTI 性格类型，以便在后面几个月非常烧脑的工作中能更好地相互合作。

这个性格测试到底有什么神奇的功效？为何能成就职场上的自我管理与团队协作呢？

简单概括一下，MBTI（Myers-Briggs Type Indicator）指标，是由一对美国母女心理学者制定的性格测试指标，它分为 4 个维度，每个维度都有两个极端的类型倾向，每个类型倾向用一个字母表示。

在每个维度上，人的倾向未必非黑即白，只是离哪个倾向更近一些。

我是 ISFJ 类型。

01_

第一个维度：外倾与内倾（extrovert vs. introvert，E vs. I）

这是指我们与外部世界或内心世界相处时，获取能量的方式。

外倾的小伙伴下班后累得要死要活，也需要在热闹的酒吧喝一杯，周末从来不在家待着。在外部缤纷的世界里、在与人的互动中，他们的“电池”在“咔咔咔”充电。

内倾的人可以热爱旅行、派对、交流，也可以是活跃气氛的段子手、侃侃而谈的话题主导者，然而这是他们消耗能量的过程。在静静地独处、阅读或与少数密友喝杯咖啡的过程中，他们却可以获得宁静与能量。

在职场上，外倾型的人常常需要在讨论中碰出火花，而内倾型的我，必须强迫自己在会议上集中精神才能给出现场反馈，因为我需要静静地思考。

第二个维度：感觉与直觉（sensing vs. intuition，S vs. N）

这是指接收信息与认知世界的方式。感觉倾向者，采用的方式是具象的事实与细节；直觉倾向者，采用的方式是抽象的概括与意义。

麦肯锡培训有个经典的环节：一张图片，画着一片枫叶。感觉型倾向者描述的方式是——手掌形，枯黄色，叶脉纹路清晰，有斑点；直觉型倾向者写下的词语是抽象的、概括的——加拿大，秋天，衰落。

我是强 S 型，关注细节，也通过具体的事物进行认知。用我自己的话来说：“你不举个例子我听不懂，我不举个例子我讲不明白。”

我也很好奇地问过闺密，N 型的人如何思考，她告诉我：“你说了一堆，我抽象出一个结论，这个事情是这样的。至于我是怎样抽象出这个结论的，我并不知道。要我复盘你说了什么，我也做不到。”

在职场上，身为感觉型最受挫的恐怕就是被老板打断，“说重点”！而我那些直觉型的团队成员，最大的痛苦恐怕是被我问：“然后呢？说具体点，这样不够扎实啊。”

第三个维度：情感与思维（feeling vs. thinking，F vs. T）

这是指我们做决策的方式是用感性还是理性。

在麦肯锡有一次培训时，老师叫上来三个同学（老师事先知道他们的性格倾向，强 F 和强 T），提出的问题是：“一辆疾行的列车载着数十个死囚，这时铁轨上出现了一个孕妇，列车员是否要选择避让孕妇，后果可能是火车出轨的惨剧。”

两个理性思考型（强 T）的同学开始分析生命价值的判定标准：一个人与一车人，孕妇与死囚，这是复杂的伦理问题。

轮到那个极度感性（强 F）的同学，他面部表情痛苦地纠结了几秒，然而双手遮脸呐喊出来：“为什么要让我做这种决定！”

在职场上合作，感性的人更倾向于关注对方的感受，也更容易被对方的情绪影响。一点温暖和鼓励，可以点燃他的激情；一点严肃和直接，可以让他低落很久。

身为强 F 的我，被回复“嗯”和“嗯嗯”的时候心情都不一样。理性的人一定觉得我们太敏感、有点“作”，明明在就事论事，为何还要关注你的情绪。但是团队里有 F 型的成员，是一件很温暖、有利于沟通的事。

第四个维度：判断与知觉（judgement vs. perception，J vs. P）

这个维度的名词非常不直观，因为它通常被阐释为“生活方式的偏好”或者“你希望你的外部世界如何组织”。J 型有序、有计划、有条理，P 型自在、随机、创新。

J 型出去旅行时会做好安排，而 P 型兴之所至，会随意改变行程。在职场上，J 型没有方案规划会浑身不安，而 P 型面对不确定性时更容易调整适应。

我其实不知道自己是 J 型还是 P 型了。我在工作中是一个异常喜欢周密计划的人，列待办事项清单，有未完成事项就不安心，对不确定性惴惴不安，而我在生活与旅行中却是个乱七八糟、强拖延症的人。

我不知道是长期的职业训练让我表现得像 J 型，还是忙碌的生活逼迫着我放弃了秩序，但这样可以说明，人们可以处于两种倾向之间，并且在后天训练中适应改造自己。

02_

我感念麦肯锡的 MBTI 培训，不仅是因为它有工具性的一面，即帮助我了解自己与异己，从而更好地合作，还感激这些培训帮助我确立的价值观。

第一，这些倾向没有好与坏的价值判断。

并不是像人们以为的，外向、直觉、理性、有计划的人，就是更好的、更优秀的、更容易成功的人。

例如，我们通常有社交压力，去念商学院的时候，似乎不捏着杯鸡尾酒穿梭于派对上认识一堆人，学费就白交了似的。其实在麦肯锡，内向型人占大多数，社交活跃度并不决定你是否容易在职场上发展得更好。

在我自己的营销团队中，有外向型的成员，他们热爱与人交流，总有许多行业动态和最新点子；也有内向型的成员，他们喜欢安静思考，可以交付高质量的成果。

所以，我们可以更加随性一点，接受自己，发挥所长。

第二，MBTI 培训教会我了解与尊重别人的方式，不妄加判断。

沉默寡言的 I，并非没有想法。

直言不讳的 T，并非冷酷无情。

热泪盈眶的 F，并非是想“作”。

重度拖延的 P，并非习性懒散。

在不影响工作的情况下，给予每个人个性的空间。我未必总能做到，但是如果试试去了解、去谅解，会发现接受别人会让对方舒服很多。

让 I 不必去饭局，对 F 发微信时加个表情包，耐心听 S 啰唆完，这就是爱。

这么多年了，这依然是我的修行。

第三，它确实是一个工具，帮助我们管理上下左右的人。

虽然可以随性一点，我们还是可以尝试让自己“凹个造型”的。

面对 N 型同事，我会更刻意提炼一些关键信息，克制展开细节的冲动，尽管我老觉得自己没有讲清楚。

面对 T 型同事，我也常常要跟自己说：他（是的，大部分是男生）是 T，是 T，是 T，不要往心里去。

老实说，我努力了这么些年，每次“凹造型”还是颇感痛苦。能够肆无忌惮地表现自己的自然倾向，并被这个世界温柔以待，是多么幸福的事。

高中时有个学姐说的话我一直记忆犹新：“我们在这个世界上，就是不断与异己打交道的过程。”我们生而不同，那么，学会相处，对自己，对别人，都是一种成全。

第四章

那个对的人，是个成年人

相爱与相处，是比高考与职场更高难度的摸索，
要自己去升级历练，
毕竟有人考驾照还会一次不过呢，
何况更为复杂的“相伴终生”。

没有房子的男生，嫁不嫁

相爱与相处，是比高考与职场更高难的摸索，要自己去升级历练，毕竟有人考驾照还会一次不过呢，何况更为复杂的“相伴终生”。

身边的女孩们，恋爱谈着谈着自然会进入“where are we”（我们在哪里）阶段，思考男朋友是否为合适的结婚对象。有时候，有没有房子也会成为考量因素。

这时候我总会鼓吹：“没有房子不重要。”

我还没有清高到觉得房子完全不重要。工作地点变化后，我租了房子。我讨厌一两年后房东若不续签的麻烦，我讨厌与厨房深蓝色橱柜和客厅棕红色地板妥协，我讨厌和房东商量更换烂空调，我想着女儿在白墙上的涂鸦（尽管已经不得不约束她）最后会让我们付出多少赔偿……但是，我还是要说，为什么没有房子的陈老师（我先生）是一个美好的结婚对象。

因为，在50年的尺度里，阶层并没有那么固化；在不断洗牌的未来中，他要能陪你走得长远，走得愉快。

01_

这个觉悟得从我妈妈说起。1977 年，妈妈还是个 20 多岁的小姑娘，她喜欢我爸爸。

他俩都是上海知青，彼时在江西吉安地区的农村，已经插队落户整整 10 年。

我小时候听过许多知青生活的艰苦故事——凌晨 3 点起来插秧，赤脚站在水田里，冰割破脚上的皮肤，蚂蟥爬上来，吸完血，鼓鼓胖胖，不能拽掉，越拽越往里钻；主要的伙食是米饭配辣椒（赣南稻谷一年三熟，我爸妈的故事里，幸好没有像西北的知青那样挨饿）；妈妈养猪，过年送猪去屠宰，不知怎么猪挣脱了，流着血跑回猪圈，妈妈很难受，于是不肯吃肉；爸爸年轻莽撞，不用防护打农药，结果被发现时已经昏迷不醒，幸得南京下放的大夫把他抢救回来。

我妈妈年轻时，是个窈窕、活泼又贤惠的姑娘。论颜值，她是个秀气、白净、大眼睛的姑娘。论持家，她有处女座的完美主义、身为长姐的担当品质，她勤劳，干活麻利，饭做得好吃，衣服做得好看。论聪敏，在她 40 多岁时，上海推动信息化，男女老少都要参加上海市计算机等级考试，她考满分（而中学的我才考 90 多分）。所以，妈妈蛮多人追。

而我爸爸的“问题”在于和我妈妈一样——“出身不好”。我的爷爷在“文革”时死于新疆劳改农场，我的外公因英语流利获罪，贴着“特务”的标签在工厂扛大包。两位老人家都在 20 世纪 80 年代中期才获得平反。

当年“出身不好”的严重性，绝不亚于此时没有北、上、广、深的学区房，它将你与后代的前程钉死在耻辱柱上。跟一个出身好、有上海户口的人结婚，回到大城市去，该是个多么大的诱惑啊。然而他们结婚了，我出生了，户口落在江西农村。

谁会想到，在后来漫长的岁月里会有拨乱反正、改革开放，邓小平爷爷会在南海边“画了一个圈”。谁会想到，爸爸妈妈会重新回到城市，用顶替父母、街道安排、报考机构等方式艰难地重新就业，在30多岁开始念大学。谁会想到，他们享受到改革开放的红利，会过上中产阶层的生活，去美国参加孩子的毕业典礼，用平板电脑看外孙女的视频呢。

也许有人远见卓识，但是我妈妈，那个初中毕业后在江西种地养猪的20多岁的小姑娘，当时肯定是没有这个觉悟的。我相信她知道上海户口和出身好是重要的事情，就像我知道有房子是重要的事情一样。

02_

但是，我妈妈喜欢我爸爸，部分原因在于爸爸是个做事用心卖力之人。小时候家里只有一间屋子，我深夜醒来，爸爸总是在书桌前阅读和工作，在一沓沓厚厚的稿纸上写下漂亮的钢笔字。他手不释卷，从小教育我不能把书打开反扣着，因为这样书脊会坏，要爱惜书。中学时开始教我念古文，爸爸把他的《古汉语常用字典》给我，发黄的纸页上有他做的密密麻麻的笔记和标签。

从1977年到2017年，新中国同龄人随后的人生并不是一条上升的直线。他们经过“做原子弹的不如卖茶叶蛋的、拿手术刀的不如拿剃头刀的”的时代，整个社会因“知识到底有没有用”的辩题产生了巨大的“精神错乱”。当克林顿政府推动建设“信息高速公路”，沈南鹏、张朝阳的成功又引出了“知本家”这个名词，技术英雄将人们重新带回了对知识（与随之而来的财富）的崇拜。他们也经过“国退民进”浪潮，当年被人艳羡的工人开始下岗，从头再来。

爸爸退休前的最后一站是在证券公司。那是一个我出生时在我国都不存在的行业。父母一生的每一次选择也只是尽力而为，然而在每每不按常理出牌的时代中，这个“出身不好”却用心卖力的男生，一直在向前走。

很多人说，现在的阶层更固化了，从江西农村到陆家嘴金融贸易区的通路更加狭窄。我倾向于相信，这是个事实。

我只是不相信，我们有谁能想象30年后、50年后的阶层是什么样子。30年前，妈妈知道工人也会下岗吗？20年前，我们知道一家杭州网站“双十一”单日销量可以超过香港全城零售单日总额吗？10年前，我们知道苹果会颠覆诺基亚和摩托罗拉吗？此刻能够带来财富、荣光、稳定与舒适的职业，未来还一定是吗？在50年的尺度上，现在的学区房与户口决定的社会经济地位，会维持一生吗？

我是个想象力不太丰富的人，所以总是被惊讶到，我愿意被惊讶。在50年的尺度上，我相信我们会被惊讶。

03_

太阳底下无新事。轮到我们了。

我们结婚前，陈老师快毕业了，并且准备以教书和研究为生。他没有房子，教职的薪酬不吃不喝存 30 到 50 年也未必买得起学区房。我问过陈老师：“你喜欢经济学吗？”他想了想说：“喜欢。”这对我就够了。

他的研究我并不懂得。他的毕业论文，我只看得懂“答谢”部分；我也只关心答谢部分他有没有深情款款地把老婆我写进去。据说他研究宏观经济，尤其是中美汇率。我问他，那我们家要换点美元吗？答之：“我们的研究不是为了解决这种问题的。”

但是，我知道他喜欢——看到别人精彩的论文，他会拍案赞叹；有人用半天备一节本科生的课，他用两天；他会沾沾自喜地说，我觉得宋老师（宋国青老师是北京大学宏观经济学教授，讲课特别深，我上学时有次在图书馆复习宋老师的课，对着书悲从中来，直接哭了起来）的课没听懂的学生，我现在可以给他们讲明白了。

因为喜欢，他会在功成名就到可以买房之前，享受这个过程。

因为喜欢，他会在奋斗很久也终究买不起房时，不会怀疑人生。

因为喜欢，他会在这条路上走很久、走很远，积累自己的 1 万、10 万个小时。即使命运不按照常理出牌，即使时代变迁、经济动荡、财富贬值、天灾人祸，他也总会有一技之长。

因为喜欢，当他在工作中遇到无聊、无趣、无耻、无力之时，也可以调整过来。你如果和负能量的人一起生活过，就知道一个方向感强、满意度高的人，可以给人多大的安定感。

因为喜欢，他也会理解“喜欢”对我的重要性，理解我放弃钱多、活少、离家近的外企，理解我在女儿依然年幼时对工作掏心掏肺的状态，理解我半夜三更不睡觉写文章的乐趣。

因为喜欢，活着成为一件有趣的事。

04_

我知道，我在说50年的尺度，也许你担心的是5年后孩子的学籍。此事暂时无解。我想说的是，这是真诚的鸡汤。“陈老师 + 没有房子”与“我最理想状态的房子 + 不是他的男生”的组合，我会选前者。

在租住的种种不妥帖的空间里，要有妥帖的空气；要有每天回家不长吁短叹、怨天尤人、牢骚满腹、心情幽暗的人；要有自己喜欢的事情；在电脑前加班彼此会抬头相视一笑；在睡前互道晚安时，要有一个有力气和心情说一点笑话的人。

我喜欢这日日共呼吸的空气，喜欢这共同奋斗、共同向往未来的旅程。在50年的尺度上，这些都比一套房子更重要一些。

婚姻里可以有公主梦吗

我与先生刚刚度过“七年之痒”。两个成年人的相处，不会永远是琴瑟和鸣，再好的性格，也可能是一把双刃剑。温和体贴的人，或许过于弱势；浪漫多情的人，或许不够实际。

在婚姻中，在自己与异己的磨合中，我慢慢懂得了彼此接受的含义。

01_

我先生，是一个内心柔软、保护欲强的人。

我们成为恋人后，某个深夜，我安安静静地给他讲了一遍过去几年的感情。他这样回应：“我好高兴你现在才告诉我，否则我不确定和你在一起是因为爱，还是因为同情。”

我相信他说的。人们会因怜生爱，也会分不清怜惜与爱。我相信，若我早跟他倾诉，他会直奔主题，好早早结束我这个内心戏太多的文艺女中年的孤独。

又有一次，我飞到加州看他，在餐厅，我中途出去接了一个漫长的电话。那时闺密正遭遇重大变故，我怕她出事，所以会接她所有的电话，不分场合，不分昼夜。

回到座位时，看到他请服务生给菜盖上了盖子，自己则安安静静坐着等我呢。那时候，他还没有智能手机，坐在那儿该挺无聊的。我们彼此都忙，他也是惜时如金的人，却没有一句埋怨。

是因为正在恋爱的蜜月期，也因为他骨子里的体贴善良。

他也极少与人发生冲突。

他是射手座，天生不羁放纵爱自由。婚后我很快发现，他不喜欢在小事儿上被人干预。比如，对他说“你钱包放这里容易被偷”“你论文多存几个版本，免得电脑蓝屏丢了”之类的话，他是不喜欢的。

而我被处女座妈妈训练出来，连刷碗时放几滴洗洁精都有规矩。所以，当我怀孕后妈妈来同住照顾时，我有点担心他俩会起冲突。

然而，一次都没有。处女座妈妈说什么，射手座先生都乖乖听着，全单照做。

他最大的反抗，就是站在水池前耐心听完妈妈的刷碗要领重申，然后他把耳机戴上，做听音乐状，以减少中间插播要领再次重申。

日子不会像广告片那样光洁如新，总有尘埃与砂砾，而因他的温和克己，我的世界阻力很小，噪声很低。

02_

然而，这样的他，有坏处吗？有啊。

温和克己的人，不擅长拒绝。对老婆是这样，对处女座岳母是这样，对周围的人与事也是这样。

特别不爱麻烦人的人，特别容易被麻烦。他会在本来就淹到脖子的教学和研究中，多出一堆奇妙和莫名其妙的事儿，诸如半夜三更接到求助电话，劝解学生之间的群架；或是受其他老师之托，给博士论文做不下去的学生帮忙……

我也抱怨过，抱怨他守不住界限，活得未免太累。

这问题严重吗？是我矫情吗？

我看他七年如一日地清晨六七点起床，凌晨工作到一两点后睡；看他既想陪陪女儿，又想赶赶进度，所以开着七八个闹钟挣扎着起床；看他偶尔睡过头一两个小时后的烦躁懊恼；想到人到中年，长期亚健康生活方式的可能后果，做老婆的我多希望他能对人“不周到”一点。

03_

我用了几年时间，停止了对他的规劝。因为，我想通了，这就是他。

所谓缺点和优点，其实是一回事，是同一品性的 AB 两面。

我要求他改变的是自幼的教养，是处世的习惯，是自觉的坚持，是不自觉的选择，是成年以来和这个世界几经碰撞后逐渐成型的自我，是他最深处的自己。

完美的分寸，或许存在——既不要太冷血，又不要太热忱；既温柔地对待世界，又清晰地守住界限。

这样的平衡，他未见得不渴望，未见得不努力。

只是，这意味着要改变自我，而改变自我，从来都很艰巨。自我，不是一天形成的。

这也意味着，要恰如其分，而恰如其分，从来都是世界级难题。

那么，就让我这样静静地看着你，你慢慢来，你怎样都好，我都在这里，我都爱你。

04_

有时想想这世界，多严苛，多挑剔。

职场妈妈是不够爱孩子，全职妈妈是不够爱自己。

工作卖力，世人问你生活有何乐趣；生活丰富有趣，世人问你凭什么工作不尽全力。

我见过待人特别得体的女生，背后被人议论过于圆滑世故；我合作过超有执行力的伙伴，并不妨碍我烦他常常一意孤行……

看《老友记》时，我老有点儿心疼莫妮卡，因为她的处女座控制欲老被人们嘲笑。洗手间的毛巾有 11 种分类，聚会结束后礼物包装纸要用熨斗烫平……莫妮卡的神经质贡献了好多笑料。

可是，有这么个女友多么好。你不倒垃圾，我倒；你不理房间，我理；对顾客，保证最干净的餐厅；对亲人，捧出最完美的料理。

人们享受她毫不惜力打点妥帖的生活，也从不吝啬嘲笑她对不妥帖的无法接受。

职场、商场、名利场，游戏规则就是这样的设定——挑剔与被挑剔。君子爱人以德，有则改之，无则加勉，天天向上，永无止境。

05_

我们反对父母对孩子说："如果你不乖，我就不喜欢你了。"

我们想让孩子知道，乖不乖、漂不漂亮、功课好不好，父母都深深爱你。我们相信，因为这无条件的拥抱，孩子会更勇敢，更安然，更自信。

我们长大了，再也没有资格做个孩子。我们不能要求老板爱我，投资人爱我，下属爱我，甲方爱我。

这世界上后来的欣赏与信赖，都是"你若不乖，就不喜欢你了"，都是一分价钱一分货，或是一分汗水一分收获。

谁也不自带亲妈粉，谁也不能无条件爱我们，谁也不该有公主病。

而在婚姻里，我们可不可以有一点点公主梦，可不可以渴望一点点无条件的拥抱呢？

懂你勇敢才莽撞，善良才软弱，负责才焦虑，洒脱才随意，持家才斤斤计较，浪漫才不切实际……你变得更好，固然很好；你若不变，依然很好。

这就是我贪心的公主梦，成为我自己，并且因为是我自己，而一生被爱。

我不能说，那些"婚姻中要自我成长、共同成长"的调调有错。斯嘉丽不成长，白瑞德也受不了，但结局总是让我有些难过。

名利场上，已经满满都是"你不乖就不喜欢你了"。那么爱情里，我会成长的，但不要告诉我，那是交换幸福的前提。就像孩子愿意乖，可是也深深渴望着，如果自己不够乖，也是会被父母深深爱的。

结为夫妇时，我们会承诺给对方一生幸福。幸福很难定义，而让彼此安心地成为自己，一定是幸福的应有之义吧。

我一直觉得，这样的梦也不是很过分的，毕竟，这世界上，这样的人，我们只要一个就够了。

这种成全，也是相互的。彼此了解，彼此接受，彼此容让，在日日期待我们更为强大的世界上，创造一个柔软的私人空间吧。

离婚教我的那些事儿

我十来岁的时候，坐在上海市二中蓝色窗帘的教室里，在老师眼皮子底下，和旁边的女孩子们飞快地用笔交谈。细细密密的黑钢笔字，写在卡哇伊的粉色信笺上，话题以爱情为主，如昨夜的电视剧情、同班的心动男生和邻座扭扭捏捏放电的小情侣们。

那时我关于爱情的全部想象，来自《茜茜公主》《红楼梦》《飘》《欧也妮·葛朗台》《东京爱情故事》，以及我那由初中同班同学而初恋结婚的爹妈。

如果那时有人说，你要谈 n 次恋爱，伤人并且自伤，然后嫁给一个北大师兄，之后离异，办离婚手续前对方和别人的孩子将要出生，我妈一定会晕倒，我也一定会为能演绎这样的狗血剧情而热血沸腾。

30 岁时，这一切都实现了。

有一天，我从纽约出差回来，出海关，开机，短信叮叮当当涌入，回电，他说："是个男孩……"我挂了电话，坐在首都机场的地板上，号啕大哭。在朝阳区民政局办完离婚手续走下楼来，我不可免俗地抱着前夫，哭了。

后来有一天，我们去办理房产分割手续，起大早去房管局排队。我坐在台阶上等他，他来了，很绅士地带着豆浆和饭团。我抱着食物，北京冬天的阳光照在我身上，有一种惨淡的温暖，我看到，在我的前面有一条黑暗而孤独的路。而 10 年后的此刻，一不小心我活成了一个剩女再嫁的励志故事。重新遇到了一个“内心有光”的男人，生育了一个让我觉得何德何能配有这样的幸福的女儿。其实如果在离异之初有人告诉我，三年以后，你的王子就会出现，这三年会容易过得多。

可是，在那时候，我以为那是一场无期徒刑。而亲爱的你，我想象中的读者，若你在分手、离异、守候、寻求时，站在一个黑暗而孤独的路口，我想说：“结束一条道路的唯一办法，就是走完它。”那三年里，我挥霍过感情，轻慢过世界；我怀疑过人生，丧失过信念。但是，终究，凭着对这个世界很多很多的挚爱、景仰与好奇，不懂、不舍与不甘心，以及那气若游丝却始终未断的关于爱情的理想，我们可以把这条路走完。

这便是离婚教我的事儿。

01_
原谅自己

原谅自己，是最艰难的一件事。我曾经向闺密痛诉“革命家史”，把前夫批得狗血淋头，在女友的长吁短叹、同仇敌忾中获得安慰。然后就会有人问：“那你当初为什么跟他在一起呢？”面对这个问题，我至今不知如何回答，而且这个问题立刻能让我的痛苦指数翻番，因为它让我觉得自己很蠢。

在我眼里，我的婚姻似乎过错方主要是对方（尽管这不一定是事实）。但是，“他是我自己选的啊”。在痛惜自己的青春时，可以怪他，但更悔恨自己做过的选择。这世界上最难受的，莫过于后悔。

花了很多时间才放过自己，听了很多很多遍尚雯婕的《一大片天空》，我会一边听一边流泪一整天。“我现在放开是对的，就像当初拥抱是对的一样，生命中到什么时候就该去做什么……”

选过了，试过了，努力过了，发现不行，退出了。谁还不犯错呢？谁能保证第一次婚姻时就是明白的？承认我的婚姻失败，是一个撕破那袭华丽裘袍的过程。很久很久以后我才发现，爱那袭撕破的裘袍，是真爱。

后来我不再喋喋不休。为了从祥林嫂式的痛苦中拔出来，我做了一件疗伤的事。有一天，我对自己说，我要写一百件事，一百件我和他之间美好的事。

为了完成这个目标，有一个星期，我每天时时刻刻都在回忆那些美好的事，甚至在收银台前排队时想到一件，回家马上写下来。美好的事占满大脑的空隙，写完一百件，我就好多了。

02_
尽快结束法律手续，不要纠缠

我比较后悔的一件事情，是没有找一个朋友或者律师，代我办理离婚与财产分割的一切手续。这个与他不断接触的漫长过程，让我们不得不面对一个自己不再那么爱，也不再爱自己的人。

那是坐着过山车的日子，互相说了许多狗血台词。现在想来，他想必也脆弱，也彷徨。他对我留恋，我痛苦，我惋惜；他对我绝情，我痛苦，我心酸；他过得好，我惆怅；他过得不好，我担心；他表现得真挚，我依恋；他表现得无赖，我愤恨……

我们毕竟曾经结为夫妇，真诚地期待过百年好合，郑重地把彼此的一生交付手中，甜蜜地度过青春岁月……见他，太容易动感情，太容易翻江倒海地难过。

如果再来一次，我愿免遭其罪。他过得好与不好，已与你没有关系；他对你好与不好，其实已有答案。只是，面对这个答案需要勇气，因为孤独是那样漫长。

可是，亲爱的，你给了自己一个机会，去寻找可能真正的幸福。如果你不给自己这个机会，10 年之后，你是否会后悔？那么，既然你已决定给自己一个机会，就请上路吧。

03_
适当远离父母，和其他一些为你痛苦的人

我爹妈在那种老国企工作了几十年，就那么个圈子，同学也是朋友，同事也是邻居。我从小是那种十全十美的“别人家的孩子”，我都不敢想象，忽然有一天，轮到爹妈面对别人善意或不善意的询问，“你闺女怎么了……”我无力承担，也无力想象。

于是在我脆弱的时候，我远离了他们，不在家里长时间待着，不对他们做太多的交代和解释。

离婚后初到美国，妈妈和小姨来看我，我把房间让给她们睡，自己每天到楼上同学处打地铺。一个星期后，妈妈说："你怎么躲着我，是不是很讨厌我？"我于心不忍，说了实话："妈妈，我抽烟了，抽得很凶，躲在楼上怕你知道。"说完母女俩抱头痛哭。

父母的承受力比我想象中强，重要的是，我自己要快快好起来，只有我好起来了，他们才能真正安心。（诚实地说一句，我爹妈真是天使一样的爹妈。三四年离异后的单身日子，他们没有碎碎念过我今后怎么办，没有表达过抱外孙的渴望，没有安排过一次相亲。）

全家重伤，你已成年，各自关门，舔舐伤口吧。

04_
找一个心理医生

医生给我的诊断结论是有抑郁倾向，没有确诊，没有用药。起意找医生，是因为我出现了自杀的念头，有时候这个念头如此具体，吓到了自己。

有一天深夜，我出门倒垃圾，两分钟后回来，发现本已熟睡的室友被我的关门声惊醒，正披头散发、全身哆嗦地打我手机。她怕我寻短见，见到我时，她一把抱住我，红了眼眶。

第二天，我开始上网找心理医生。

下着细雨的春日清晨，我忐忑不安地第一次见到我的心理医生。她连续三个小时，没有起身去洗手间，没有喝过水，没有太多地打断我，就是目不转睛、心平气和地听我说了三个小时。

面对朋友，你有种种顾虑，例如你不好意思麻烦朋友太长时间、太多次（我真的麻烦了很多朋友很多很多次），例如不便谈论内心的隐私与婚姻的细节，担心你和他共同的朋友圈子互相传话。但是，你可以心安理得地对心理医生长篇大论。

另一个好处是，他们见过的案例太多了，他们告诉我，你有这样的行为、念头，都是正常的。

于是我觉得，哦，我不是怪物；哦，我不是疯了；哦，这是第一阶段，下一阶段会那样那样地好起来。

05_
不要急着好起来，原谅自己在泥里趴一段时间

我有个女友失恋时说："我一直试图挣扎着爬起来，我爬起来，又倒下去，我爬起来，又倒下去……我现在不折腾了，我就让自己在泥淖里趴一段时间。"

是的，好起来的路很漫长。我一直急切地希望自己重新变得快乐。2008年，我被公司派驻到四川地震灾区做重建规划，忙得四脚朝天，个人问题忽然变得如此之小，我觉得自己走出来了；2010年，我初到美国读MBA，这个新鲜喧哗的环境，世界如同画卷在我面前徐徐展开，我以为自己走出来了；2011年，我从南极露营爬山5天归来，觉得自己的小宇宙特别强大，我感到自己走出来了。

可是，在那些深夜，孤独的幽灵从未离开。此时此刻，我可以说，我那时一直都没有完全地走出来。那段失败的婚姻，已经永久性地损毁了我身上的某一部分。

可是，我已明白，人生不是一个章节一个章节来过的。不是我

说，“好，从明天开始，我要好起来”，这世界就会变成另外一个样子。

情绪反复，歇斯底里，不思进取，不健康、不快乐、不洒脱、不漂亮。有段时间，我对自己都无药可救了，我的爱恨情愁都变成了饱和溶液，自己都烦自己整天叽叽歪歪。

情绪影响工作时，周围的人包容着我，那种亏欠感又压迫着我，我挣扎着。有时起得来，有时起不来。

但是，那又有什么办法，又有什么不可以呢？谁说人生要永远风光漂亮地生活呢？谁又有资格说，什么样的人生是对的呢？励志小说如果中间不够狗血，结尾又如何励志呢，对吗？

06_
但，这不等于说，就放弃努力了

我那个女友还说：“我是一棵向日葵，我趴在泥淖里，我的脸还向着太阳。”要做事，要运动，要看书，要旅行，只是，不要指望，任何一件事可以药到病除。

在那段心情很差、自杀的小念头让人害怕的时间里，我什么都试了，旅行、瑜伽、跑步、游泳、养猫、画画、血拼、打游戏、卡拉OK、搓麻将、写博客，我按照大众点评一家家尝尽美食，我给杂志撰稿，给大学生上课。

我上最苦的项目，上自己最不擅长的项目。我一大把年纪去考GMAT、考托福，在ChaseDream上写了上万字的GMAT考试经验，回答了上百楼的问题。我申请学校，最后把自己折腾到了美国。

没让自己闲着，我要看这个世界的千姿百态，我在发现可能性，也在相信可能性。这样，当你有一天，从泥淖里爬出来的时候，你发现，原来你并没有一直趴在泥淖里。你在慢慢地向前走，你沿途收获友谊，收获风景，收获阅历。

有时候，你会觉得“我做什么都没有用”。有段时间，我常去同事滨哥滨嫂家参加派对，这对可爱耍宝的夫妇总是让客人尽兴而返。但是，我还是要沿着灯火通明、孤寂无人的通惠河北路一个人回家。

是的，当那精彩的宴席曲终人散时，你发现短暂的欢娱之后，在夜凉如水的回家路上，你的孤独、悔恨、绝望都会不期而至，好像从未离开一样。

可是，它们真的离开过。那些美好的瞬间，让我休息一下，让我有力气继续去战斗。我也渐渐相信，无论这世界多么差劲、多么可怕，有些东西，真的能让你高兴起来。

对我来说，也许是一场与好友的麻将，也许是一场汗如雨下的运动，也许是一顿精致的美食。

当痛苦来临时，我不再那么害怕，因为我找到了自我救赎的道路。那就是，做事的时候倾尽全力，吃饭的时候专心致志。

离婚那年，我 30 周岁，我没有细想过将来。待我缓过一口气来，环顾四方，发现自己已三十出头，离异，白白胖胖，工作忙得昏天黑地，属于“圣斗士级的剩女”。

周围男生可分为三类：已婚，要不我看不上，要不看不上我。我也遇到过别的感情，一言以蔽之，就是不靠谱。我问一个当哲学老师的好朋友：“你觉得我还会遇到幸福吗？”

他说：“18 岁的大一女生常常问我这个，你会如何回答？”

我说："当然会遇到。她们真是瞎担心，日子还长着呢。"

他问我："那么，你除了比她们大几岁，又有什么不同呢？"

是的，又有什么不同呢？没有什么不同。也许从概率上说，三十几岁的离异女生更难找到新的感情，但是，如果单独的个体，概率又有什么意义呢？

你一定会觉得，这样想又有什么用呢？这个哲学老师还对我说，Autumn 这个人只能向她证明，不能让她相信。于是，我跟自己打了个赌，我说："我要相信。"

如果有人早早地把结局告诉我，我在某年某月某时会遇到一个对的人，那该多好啊！可是，知道了结局不就没劲了吗？我告诉自己，我要相信，我一定要相信，然后当那个人出现时，我会好高兴。

后来，我真的好高兴。

在美国第一年，我从费城到加州的亲戚家过感恩节，并写信告诉一个还在加州读博士，5 年没联系的北大同班同学。他开车带我在旧金山玩了大半天，路上他一直放着一张老狼的碟。

异乡的冬天，异乡的山与海，异乡的咖啡与黄昏，那些歌却迅速将我们带回了北大的旧时光。转年春天，他博士即将毕业，接受了母校北大的教职，回国前召集了若干同学去旅行。

在古老的墨西哥城，我发现，失联 5 年的他在阳光灿烂的加州，过着简单而孤独的读博生涯；我在北京，历经时而繁花似锦，时而兵荒马乱的折腾，内心深处，我们却是那么相像。

原来，他在太平洋的这一边静静地长成，静静地等待着我们的重逢。

在墨西哥的第二天，我给国内的父母发了一条短信，告诉他们，我遇到一个人，他“迂而不腐，直而不粗，柔而不腻，朴而不俗”（翻译成大白话，就是发现一个靠谱的文艺男青年），我要嫁给他。

两周后第三次见面，他从加州来看我，带着戒指。暑假第六次见面时，我们飞去拉斯维加斯，在一个叫作“花朵”的小教堂里注册结婚。

我的过去，永远是我的一部分。让我惊奇的是，经历简单顺遂的他，却自自然然地接受了这一切。他抚慰我脆弱时的脆弱，也珍惜我勇敢时的勇敢。一言概之，他让我舒舒服服地成了我自己。

最后，容我引用文艺男青年的文字吧，因为我再也不能写得比他更真切了。

> 我常幻想能够坐时间飞船赶到前面去看看结局。现在答案全部揭晓了，每一块拼图都放到了自己的位置。我看着这幅画，它的每一个平凡的细节都无比熟悉，而当整幅画面第一次出现在我面前时，我不得不承认，它好得让我有点儿措手不及。我坐在黑暗的屋子里，等待着电脑关机，当主机的轰鸣声停止而一切归于寂静的一刹那，我百感交集。如果世界是随机的，我必须说我很幸运，但我更愿意相信这一切是注定的。此刻的我，如释重负。
>
> 你是特别的一个。我说不清楚是什么，但你身上确实有种特别的东西，让我不再怀疑，让我纵身一跳，让我敢把话说满、做绝，让我情不自禁在做许多我从未做过，或是我以为不会再做的事情。

我想和你去过那种小日子，那种修理家具、淘米做饭的小日子，我喜欢被长辈唤作小两口儿。我喜欢被小孩子叫爹而不是干爹。我不想让我的配偶栏空白。我喜欢大红色，结婚证的封面，墙上的“囍”字。我喜欢大吹大唱大声吆喝，方圆一百里的乡亲都来讨杯喜酒。

于是，我们过上了那种堵车、带娃、还贷款的小日子。生命依然是一袭华丽的袭袍，爬满了虱子。虱子是新的虱子，明天是新的一天。

这便是离婚教我的事儿。

负能量关系

01_

我和一些女友曾经遭遇过“负能量关系”，即并没有出轨，并没有家暴，却有深陷其中的折磨感。

什么是负能量关系，先讲两个真实的故事。

我有个朋友，暂且称她为A吧。A的先生休假，临时起意自己坐卧铺去西藏玩。那是10多年前，卧铺票难买，也没有12306（中国铁路客户服务中心），淘宝也尚未万能，A便去托人买票。

票买回来，A的先生看了一眼，抱怨道：“怎么是上铺呢？你去退了吧，我自己去想办法买中铺。”

那个年代，退票只能去火车站排队，而A每周工作70个小时，唯有周末可以喘息。她并没有跟先生争辩，只是决定偷偷不去，就当浪费了这300多元。

西藏之行定于周日一早出发。那个周六，她对先生说：“行李你自己收拾行吗？今天有中学同学聚会，我特别想去。”先生同意了。

她到了聚会场所，刚刚坐下，手机响了。“听说西藏很冷，我需要秋衣秋裤，你帮我去买一下吧。”她遂起身，与同学告辞，然后开始在盛夏的上海街头，焦急地寻找一家这个季节还有卖秋衣秋裤的商店。

买到了，出商店，天已经黑了。她如释重负，心情好了些。路过药店，她又买了一些红景天之类的高原反应药物。无论如何，明天先生要去西藏旅行了，她还是希望先生愉快顺利。

回到家，递上秋衣秋裤与红景天，先生怒了：“谁让你买红景天了，我自己已经买了，浪费钱！”

我还有一个朋友B，10多年前和先生在北京买了一套二手房，而派驻香港的先生当时也快回北京了，两人计划简单装修一下，开始新生活。

B在咨询行业工作，刚刚结束一个连续两个多月每天只睡4个小时的项目，突然后面又被安排了新任务，中间连元旦只能休假10天。B与先生商量：“我真的太累了，10天太赶了，等你也从香港回来，我们一起装修行吗？”

答曰：“不行，要抓紧时间，我不想在租来的房子多住。”

B在电话这端深吸一口气，连夜用Excel做了严格的日程表，对每一天精细安排，因为要在假期内完成过户与装修，她没有一分钟可以浪费。

10天。她独自在北京的寒风里奔波，办完了签约、贷款、过户、税费，上网速成了装修攻略，量了房子每一处尺寸，画了平面图，买了家具，选了灯，订了窗帘，找了刷墙的施工队，买了涂料，监工验收……竟然奇迹般地完工了。

那是10多年前，送货上门的服务还没有那么普遍。某日出家居卖场，五环边天色昏黄，B推着5桶沉甸甸的涂料出来，一桶一桶地往出租车上搬。司机下车帮忙，问道："小姑娘，就你一个人吗？"B微微一笑，默然。

新屋刷了白墙，冬天的阳光将落地窗的格子"画"在干净的地板上。B蓬头垢面，大黑眼圈，却不是没有成就感与憧憬满怀的。

B的先生从香港回来，进屋打量一番，第一句话是："你看，你把窗帘做短了吧？"

窗帘是短了几寸。后来，应该是找裁缝放长了一些吧。

02_

她们的故事并不戏剧化。没有动手，没有流血，甚至没有粗口。负能量关系，只是原本应该相互体恤的人，一方习惯予取予求，另一方习惯放弃要求。

故事里的“先生”，是否有点接近现在人们常说的“巨婴”。他们在朋友圈也能活泼喜人，在职场上也能利落光鲜，然而他们极度不易被满足，把幸运与关照视作理所当然，对不顺与不足，苛刻而怨气从生。

最要命的是，好像跟他们没办法讲道理，因为在他们的世界里自有其标准与尺度。他们眉一皱、脸一沉，射出言语凌厉的冷箭，却并不自觉；对方已中箭倒地，他们可能一脸莫名。

慢慢地，他们把你变成战战兢兢的小鹿，不再争执，不再违逆。因为他们会随时原地爆炸，而每一次炸伤，都让你更疲惫、更脆弱。于是，当周一早晨他因为衬衣熨烫得不好而气呼呼出门，你也习惯了深吸一口气，收拾心情汇入上班的人潮中。

03_

多年以后，我回看那些负能量关系，终于可以理智地检讨，为什么我们不曾马上掉头而去。即使故事中的她们，在现实中如我一样经济独立，也没有孩子的顾虑。

因为她们总是抱有憧憬。穿过 10 年的时光，我远望着年轻的自己——生活当然绝非一无是处，温存与美好的时候让人燃起希望，决心忽略不快，重新出发。那时候，我的身心也一定胶原蛋白满满，受累了总是本能地反弹，直到有一天再也回不到当初的模样。

也因为她们不知退让的底线。我妈妈说，婚姻是相互宽容，我也一早知道人无完人的道理。我恋爱过，分手过，爱过，又不爱过。在负能量关系里，我会问自己，是否这本来就是相处的样子？我的不满是否因为自己过于傲娇任性？我又如何知道，退到哪里算是“应该的”妥协容让，哪里又算是“过分的”委曲求全？

事实是，我年轻的时候，真，的，不，知，道。

婚姻中那条“宽容”与“委屈”之间不可言说的界限，到底在哪里？

很多人，也许还在这条摸索界限的长路上。人无完人，那么，“他不爱做家务”“他有时发脾气”“他应酬太多”“他不带孩子”“他有点苛刻”“他摔门而去”“他嫌弃我胖”……这些过分吗？正常吗？会有改观吗？该接受吗？出轨后是否可以重建信任？被打后是否应该选择谅解？

到底是否有一个清晰的信号，告诉我们“分吧，他不是对的人”，或是“留吧，我们应学会多体谅”？

我们上下求索。很遗憾，没有容易的答案。

04_

后来，我遇到了陈老师。如果让我用一句话概括为什么他是好的婚姻对象，答案是——陈老师是“巨婴”的反面。

他是成年人，是情绪稳定、尊老爱幼的成年人。

有很长很长一段时间，陈老师的行为让我不习惯，诸如帮我搬个沉重的箱子、生病时给我削个苹果、搬家时分工合作搞定电卡、宽带和有线……我曾经适应了事事自己搞定，他每次出手，我都一惊一乍的。

是陈老师慢慢治愈了我，让我重新开启温柔模式的生活。生活中的一地鸡毛，永无止境。当我发现，能和一个成年人分担时，一切又都变得容易了许多。

2018 年春节，我们一家老小去日本旅行。我对日本熟悉一点，负责安排行程。但送签时，我把婆婆的身份证搞丢了；抵达时，预订的车子没有出现；上出租车，司机又去错了酒店。

捏着第一家酒店工作人员的手绘地图，我们拖着箱子，牵着孩子，在东京的寒风中步行三个街区，到达第二家酒店，安顿下来。大家都有些累了，幸无人抱怨。我跟陈老师开玩笑，最近一定“水逆”，咱们回去买几条红内裤穿哈。

这世界已经压力重重，我们并不需要像在公司那样，墙上贴着标语——坚持最高标准（adhere to the highest standards）。就让我们和各种小错误，温柔地妥协吧。

05_

生活不只眼前的苟且，因为还有未来的苟且。

走进婚姻，想必会生几个孩子、搬几次家、堵塞几次马桶、剐蹭几次车、生几场病。怀孕时，会腰酸腿肿、焦虑嗜睡；孩子闹腾，会身心俱疲、彻夜难眠；下班回家，会尘霾满面，口罩在脸上勒出深深浅浅的印子；在不远的来日，父母会衰老，我们会衰老，生活会无情地将我们放在“久病床前无孝子”的定理前进行检验。

看时光放过谁。

所谓乐观生活、幸福婚姻，应该是由两个成年人构建而成。怎样才算是成年人呢？

其一，接受真实的生活。我们不可能不食人间烟火，而人间烟火中必然有麻烦、琐碎、劳累、无趣的成分。这样不尽如人意的状态，其实是生活的常态。

其二，保持正面的状态。既然是生活的常态，抱怨、责备或沉陷于烦躁中，并不能解决问题。那么，成年人就需要淡化小事对自己情绪的影响，一笑而过，或者撸起袖子去解决问题。

其三，建立分担的共识。婚姻是两个人的关系，一方懊恼时，跟着责备、懊恼，只是放大了烦恼。

锦衣美酒看樱花，修灯喂药洗奶瓶。若不能共洗奶瓶，又何以共赏樱花呢?

来日方长，愿我们每一个人都能走出负能量关系，成为一个成年人，我们也要会选择一个成年人，一起迎接这一切。

婚姻中，为何甜言蜜语如此重要

美好关系如何维持最初的温度，是个经久不衰的话题。我觉得共同成长、相互体谅、乐观向上这些话当然有道理，但多少有些虚渺，而且因人而异，难以实操。

我想讲讲我先生的小技巧。总结起来很简单，就是嘴甜，很甜，特别特别甜。这些甜言蜜语，不是肤浅的表面文章，而是代表了彼此之间的相处模式。

01_

甜言蜜语的第一个场景，就是感谢我做的每项家务。

几年前我们搬家，二十几个大箱子堆在客厅中间，好几个月没有打开。有一天我终于忍不下去了，独自把它们全部拆装，收拾完毕。

陈老师回到家，看到整个敞亮的客厅，说道："老婆，你太厉害了！今生今世你都不要再做家务了！我来做！"

这当然是句虚言，但他的夸张语气充分表达了欣赏，让我特别有成就感。

陈老师最讨厌的家务是洗碗。

他偶尔做饭，那我可是领教过的——刀工手艺惊人，但一看厨房，三菜一汤他能用掉十七八个盆和锅。洗虾用一个、洗菜用一个、下锅煎炸用一个、捞起控油用一个……而且都堆在地上。

殳俏说过，有些人喜欢“增熵”，比如做饭弄得厨房鸡飞狗跳；有的人喜欢“减熵”，比如收拾洗衣折叠清理。

我打扫起来固然麻烦，但洗完后他那个感激佩服的样子，好像我不是从厨房出来，而是从产房出来似的。所以我洗起来特别心甘情愿。

平时即使只是收拾完外卖餐具或者把西瓜放进冰箱，他也会说：“老婆真好！老婆你太了不起了！老婆真贤惠！我太不好意思了！”

这在骨子里反映出的是一种平等——他没觉得女的就该做家务，没觉得照顾家就只是老婆的任务，没觉得老婆为家里所做的一切就是一种理所当然。

很多男生不善言辞，觉得老夫老妻多肉麻啊。但是你多说几句好听的，又不流血流汗流泪，何不表达一下对妻子付出的一点感谢与尊重？

就像在职场上，尽忠职守、达成业绩是我们分内的工作，领导的及时认可与团队的互相赞美也更让人心情愉悦。何况，家务事本就是两人共同的担子。

02_

甜言蜜语的第二个场景就是赞扬老婆，为她或许微不足道的成绩而鼓掌欢呼。

比方说，暑假里我带孩子回父母家待几天，其间女儿想要一只兔子灯，我就买了材料自己糊了一个，女儿可喜欢了。

我发图片给先生，他说："比我想象中复杂多了。"（意思是"你手工很厉害"！）

我买了两本书，地址写的是先生单位，收到后才想起跟他说。他回答："我说谁买的好书呢！"（意思是"你品味不错"！）

无意中发现自己公号文章进了一个排行榜，我转给先生看，他说："哇哦，我老婆牛啊，果断截屏。"（意思是"我觉得你真棒"！）

我跟先生说点什么，他都有积极反馈。也许一星期只有一两次，一次也就一两秒钟，但让人愉快。

理查·基尔、詹妮弗·洛佩兹和苏珊·萨兰登主演的《谈谈情，跳跳舞》（Shall We Dance）中说过：婚姻是什么？是彼此的一种见证。

世界很大，人海茫茫，对于旁人来说，你是谁、你做过什么都微不足道。但是，结为夫妇就意味着承诺：我看见你，我看着你，我见证你。

人到中年，我们不能轻易跟老板、团队、客户、父母、孩子诉苦、邀功、发嗲、卖萌、求抱抱，但是我们彼此可以，哪怕是微不足道的付出与承担，微不足道的成功与沮丧。

每一句赞美中，都表示着我注视着你、我欣赏着你，你对我很重要。

03_

甜言蜜语的第三个场景，是我向先生提出要求的，就是陪我说话，哪怕每天只有 10 分钟。

我记得产假期间，每天最盼望的就是他回家，跟他说话。

我和来帮忙照顾孩子的妈妈关系很好，我们家月嫂人很好，我家娃也不能算特别难带，我这个产假休得并不是暗无天日。

但是让我 24 小时对着中老年女性（无贬义，就是话题兴趣不同）和啥事不懂的小婴儿，24 小时沦陷在奶瓶尿布里，真的很想跟同龄成年人说点其他话题！

下班回家后他也很累了，那时他每天往返三个小时，工作也忙，到家也要关心一下孩子，问候一下岳母。

但是，我特别渴望他陪伴我，不是作为“孩子她妈”的关心，而是把我当成一个有感情、有思想的女性来对待。

亦舒在其小说《天上所有的星》里写道，一位丧偶母亲独居多年后开始约会，依然思念父亲的孩子多少有点抵触，这位母亲说道：“我想告诉你一件事，以前怕你太小不懂得，现在你应当明白，我虽然是你的母亲，也有个名字，叫作周容藻，我也是一个有血有肉的人。”

有了孩子后，我们很容易失去自己的生活，很容易“沦落为”谁谁谁的妈妈、谁谁谁的爸爸，但我们依然是有血有肉、有思想有感情、有追求有自我的人。

这一点，我对很多初为人父的男同事都说过——回家陪你老婆说说话，是一个成年男性与成年女性之间的沟通。

无论多忙，陈老师和我都会努力辟出一些独处的时间。我们完全不懂彼此的领域，其实看的书也很少交叠，但多少对对方都保持一点好奇心。

譬如，他在看《量子理论——爱因斯坦与玻尔关于世界本质的伟大论战》，我在看麦肯锡同事写的长篇小说《盐》。我们大概永远不会打开对方那本书，但不妨碍散步或者行车时，互相讲讲书中的逸事。

我记得怀孕散步时，他还问过我《甄嬛传》到底讲的是啥。

共同话题，总是会有的。想想当初我们是自由恋爱的，又生活在一个环境里，不可能完全没有共同兴趣点，不可能完全对对方的世界没有好奇心。而总不聊不沟通，就慢慢真的没有话题可讲了。

04_

甜言蜜语的第四个场景是制造惊喜，它也是甜言蜜语的简单实体化。

我们家陈老师已经被我终身禁止花200元以上给我买礼物了。因为他买过的几件奢侈品都一言难尽。所以买贵重礼物，我要求他事先审批。

于是发生了这样的画面：有次在我生日的前几天，我正在加班，陈老师神秘兮兮地端着电脑过来，说："给你挑了几件礼物，你看看怎么样。"

我满怀期待地一看，李宁牌游泳衣，顿时无语。

经过这次打击以后，陈老师买礼物的热情跌到了冰点，一律用一年买一次手机代替，但我还是挺怀念浪漫的日子。

《生活大爆炸》里有一集，佩妮回到家，发现老公穿上正装，点起蜡烛，买了鲜花，准备了晚餐；回过神来却发现，她只是南柯一梦，老公正穿着大短裤瘫在沙发上打游戏。

用佩妮的话来讲，就是把她视作理所当然，再也不让她觉得，她是特殊的那一个。

这也许是生活的必然，也许只是女孩的“作”，但是在这个移动互联网时代，炮制惊喜的成本已经相当低。鲜花、礼物、餐厅，都在指尖。

或许真没有时间，不能生日、元旦、情人节、结婚纪念日个个都过，但一年到头花两三次心思准备一下，不挺好吗？比起客户、老板、团队，女生也没有那么不容易满足。

这些额外付出的小心思、小甜蜜中，讲述的是“感谢你在我的生活中，也感谢我能在你的生活中”。

也许每个人表达感情的方式不同，嘴不甜不等于不爱，嘴甜不代表爱，而两个人在这世上共同升级打怪的过程，没有包治百病的配方，没有一劳永逸的指南。

但是甜言蜜语是比较容易执行的。李一诺说过，“男生跟咱们不是一种生物，给出的指令要简单一点”。那么我号召男同胞都对老婆嘴甜一点！而咱们女同胞，当他们买回一言难尽的礼物时，咱们也要表现得雀跃一点。

其实，语言、表情、行为是我们内心的外在展示，也是我们影响外在的方式。管理好自己的外在，才能用积极正面的力量去影响外部世界。

也就是说，甜言蜜语虽然简单，却不微弱，它所表达出的尊重、感谢、欣赏、好奇等正面情绪，正是我们塑造彼此尊重、感谢、欣赏、好奇模式的有效手段。

第五章

职场妈妈的怕和爱

当家事需要我们站起来就走的时候，我们站起来就走，什么也改变不了我们是母亲的事实，不必上纲上线自我怀疑是否足够敬业。（别人怀疑，请自动屏蔽。）

善良是一种选择

世界上确实有真正善良的普通人，我的父母就是；成年后，我意识到，善良是一种人生选择，而内心强大的人才会做出这种选择。

说我父母普通，因为他们的事迹不足以名垂青史；说他们不普通，因为发生在他们身上的这些事，细细品味，不无私到一定程度是做不出来的。

01_

我大概六七岁时，我姑姑（父亲的小姐姐）离异了。姑姑当时在江西工作，有一个男孩，比我小一岁，归姑姑抚养。

以前插队落户或者分配工作到外地的上海人，都希望把孩子送回来，因为上海的条件和教育好些。我的爷爷奶奶都早已去世，所以姑姑就要指望兄弟姐妹了。

我妈妈去探望姑姑，商量弟弟的安排。弟弟说：“爸爸妈妈吵架，把大衣柜镜子砸碎了，我脑子里全是碎玻璃。”

妈妈立刻把弟弟领回了上海，直到弟弟小学毕业时，我姑姑才终于调回了上海。

那时候我们家是什么条件呢？

父亲是小学老师，妈妈是银行职员（20 世纪 80 年代初，金融行业的收入并没有多高，一样三四十元工资，但福利好些，发些月饼、带鱼什么的）。

家里就一间 14 平方米的屋子，厕所与厨房全楼层公用。

我在 6 岁那年被诊断为白血病，两年后确诊为再生障碍性贫血，依然是可能致命的重症。我妈妈拿到了二胎指标，但放弃了，因为“以家里的经济条件和时间精力，再生一个就等于放弃你了”。

但是，妈妈毫不犹豫地把弟弟领回了上海。我姑姑在上海还有其他姐妹，但此事根本没有讨论过。

弟弟到家的第一天，爸爸带我们去百货商店买了一张折叠沙发床，我和弟弟睡大床，爸爸妈妈晚上打开沙发床，如此 5 年。

晚上，爸爸在书桌上工作，妈妈在餐桌上工作，弟弟在茶几小台子上写作业，我在大床边用块垫板写作业。

添一个孩子可不止添一双筷子，何况那时候没有冰箱、洗衣机、微波炉、电饭煲。给孩子洗个澡，都是一壶一壶热水在厨房烧好，拎到房间，倒进浴盆，支起浴罩。把孩子们洗干净后，妈妈还要洗衣服，收拾干净屋子。

家里没什么钱，何况家里还有个求医治病的重症孩子。妈妈的口号是“吃光用光，身体健康”。但她会定期给弟弟买一辆 6 元“火柴盒”（Matchbox）小汽车，因为弟弟喜欢。

高中时，我弟弟是全国车模大赛冠军（那种自己焊接拼装的遥控赛车），保送复旦大学物理系，留美物理学博士，目前在瑞典从事科研工作。

看过《十六岁花季》的同龄人，或许记得袁野和陈菲儿寄人篱下的状态。我父母为了照顾弟弟的感受，他俩互称“舅舅”“舅妈”，而不是“爸爸”“妈妈”，即使只有我在场。这个习惯太强大了，所以到我大学时他们都没改过来。

弟弟不会挑鱼刺，所以家里永远是他吃少鱼刺的鱼肚皮，我吃多刺的鱼背。5 年，我一口鱼肚皮肉都没有吃过。从七八岁到十二三岁，这是爸爸妈妈给女儿的教养。

两个小孩在一起，总有磕磕碰碰，尤其是小学低年级时，父母一定批评我。妈妈说：“因为有弟弟，你一个独生子女能懂得克己和照料，你赚了。”

唯一省心的或许是我和弟弟天生是学霸，从小读书没有让父母操过心。

现在，我自问可能领一个亲友的小孩到家里来养吗，尤其在经济压力、生活压力如此之大的情况下？

我至少无法做到毫不犹豫。

02_

20 世纪 90 年代末，商品房开始有了。我快 20 岁时，搬进了 100 多平方米三室一厅的现代化楼房。父母那时已年近 50 岁，用光了一生积蓄，满心欢喜地把房子装修得漂漂亮亮。

亲朋们来参观，外婆说："如果我以后有房子，也要这样装修。"

当时外公外婆的居住条件不算差，有一处整洁温馨的两居室，但肯定和新式的商品房不能比。

我妈回去就哭了，因为"外婆已经70多岁了，还想着以后"。爸爸说："哭啥，房子给爸爸妈妈住啊。"

于是，我爸爸妈妈在50岁的时候去贷了巨额贷款，去松江（相当于北京的通州吧）买了一套房子（城里的买不起了），把市中心的新房让给了外公外婆。

我问自己，如果我50岁的时候，父母居住条件一般也不算差，我存了一辈子的钱买了市中心的"豪宅"，我肯搬到通州去，每日来回通勤三个小时吗？

我至少无法做到毫不犹豫。

爷爷奶奶去世早，我觉得爸爸是把对父母的满腔孝顺，都用在了岳父岳母身上。我妈妈的姐妹都非常感动。

然后，你们知道的，十几年来房子涨了许多，多买的人赚到了。当有人夸妈妈精明，妈妈的闺密义正词严地说："这叫好心有好报！"

03_

2011年，爸爸退休了。像上海奋斗出来的中产阶层一般，他们有房有积蓄，身体健康，孩子"出息"，可以安享晚年。

爸爸回到了插队落户的地方，每年三分之二的时间在江西度过，过年从不回家。

我爸妈 16 岁去江西农村插队落户，在那里度过了 11 年的青春。回上海后，我从小就记得家里来来往往的都是老乡的孩子——来看病的，来上学的，来参军的，来打工的。印象最深的是一个小女孩，残疾，到上海来做手术，父母联系医院、医生，出医药费，母女俩住在我们家里。

爸爸说农村还是太苦了，饿是饿不着，但没有什么现金收入。年轻人都去打工，留下空巢老人和孩子，孩子没人管，拿鸡蛋换方便面吃，整天打游戏。他想，如果当地有一些经济产业，或许有一部分年轻人能回来就好了。

于是，30 多年后，他回去了，回报老乡当年对他们的善意。

他所在的国企，在当地捐建了一所希望小学，出资整修学生宿舍，建学生食堂，补助贫困学生，奖励优秀教师。

他和一些知青叔叔伯伯们，跑上海的大学、科研单位、农夫果园这样的企业、农贸批发市场、超市连锁，给当地引进猕猴桃之类的经济作物，建农业合作社，把产品销售到上海。

他住在农民家，自己掏钱给合作社盖了一个院子，这样上海的专家、朋友去就能有个落脚点。

当然现在还没能赢利。即使赚钱了，章程规定也是将盈余全部返还合作社成员和资助乡里的贫困户。出资的知青约定分文不取。

我们家谈不上大富大贵，但工薪阶层里算不错的。父母退休了，这几年投入了七位数，差不多是他们的大半积蓄了吧。

我估计爸爸是要奋斗到身体完全吃不消的那一天了。我自问在 60 岁那年，肯不肯全身心地投入到一个望不到头的、完全利他的、吃住在农村的事业里？

我至少做不到毫不犹豫。

04_

什么是善良？善良是这些花大钱、费大劲儿的事，对亲人奉献，对老人孝顺，为比自己贫弱的人投入。

善良更是一些小事。

我前夫的爷爷、爸爸和姑姑（祖父母就这两个孩子）全都因为癌症英年早逝，任谁都会有些不好的联想，对吧？

我本来瞒着爸妈，平时说起男友都是父母双全的样子，其实是继父。因为我爸妈从小对我唠叨的就是：“你身体不好，要找个身体好的，可以照顾你。”

后来想想瞒不过去啊，继父不是一个姓啊，迟早要穿帮。我坦白交代，准备挨一顿批评。爸爸的第一句话是，他的奶奶丧夫丧子丧女，太可怜了，以后得接过来我们养。我感动得说不出话来。

妈妈的同事患胃病，住院一个月，妻子要照顾同事。20 世纪 80 年代那会儿也没有什么保姆阿姨之类，因此人家的孩子领回我们家住了一个月。（在我们家因为各种原因住过的孩子，我数了数，总有十几二十个吧。）

妈妈因为工作关系，认识徐根宝教练，他在上海崇明办了一所足球学校，从全国各地选拔孩子培养，这个学校的孩子后来成为 2018 年全国足球联赛冠军的核心班底。妈妈对其中一个贫困的小球员资助了 8 年。

资助不算什么，那时候我们家经济条件好转了，可是妈妈会把那个孩子接回家，给他做湖南口味的饭菜。妈妈说：“因为上海小孩、父母跟来的小孩周末都回家了，他留在学校太可怜了。”

我一个外地的大学同学是广东人，有时周末来家玩，妈妈按照广东的习俗给她煲汤喝。同学给她父母用粤语打电话，一边打一边因为想家哭了。爸爸在旁边受到情绪感染，也流泪了。这个50岁的男士听不懂粤语的，好吗？

我家孩子的阿姨50多岁，有段时间血糖略高，我妈妈每天给阿姨做糖尿病患者的食物，直到“警报”解除。

前两年有次回家听到爸妈在打电话托人找学校。这又是谁的孩子？小区里保安的孩子，一个没有户口的孩子，上学难。

……

05_

我父母算得上这代人中的幸运者。借着改革开放的红利，回到上海，进了发展较好的单位，他们的努力奋斗也得到了回报，买了房，有点钱。

他们没有下岗，没有遭灾。

所以可以说，他们就是在力所能及的范围内帮助了一下别人，不算多么了不起。

他们绝不是完人，性格里的毛病我也能说出一些。

他们也不是圣人，不是完全不考虑钱，不做打算的单纯。

他们只是一辈子从骨子里尊老爱幼，因此实实在在地去照料一些生命，让别人的生活更好一点。

我真的做得没有他们好，但也没有太惭愧，因为我觉得自己很正常，正常水平的善良，正常水平的自私。

但是，世间确实有非常非常善良的普通人。

长大成人，我对世间百味有了更深的体察后，理解了他们的善良是出于一种勇敢。

这是勇敢，因为他们不惜钱、不惜力，是出于对未来无惧。即使帮助别人受累一点、拮据一点，也没什么大不了，他们在生理和心理上都能坦然承受。所以这是正确的事，该做就做了。

仁者无畏。选择善良的人，是生活的强者。

我被职场妈妈养大，我也是个职场妈妈

我曾经在一个活动中担任嘉宾，现场有人问我，你工作那么忙，对孩子会内疚吗？我回答："会的。"但若我是个男的，大家会问我这个问题吗？

是否应该为孩子牺牲职业发展，妈妈们确实面临着比爸爸们更大的压力。

我很少写自己做母亲的文字，原因很简单——功效未被证明。我有信心分享如何学英语，因为我英文之前很烂，现在能在麦肯锡、亚马逊、常青藤学校里生存下来。而我尚不知4岁的女儿，以后会长成什么样子，能否经受住人生的惊涛骇浪，能否获得世俗意义上的成功与幸福。幸运的是，我妈妈如何教养我，已经出结果了——算得上身心健康、生活幸福、工作顺利（不敢说完满，但说得太谦虚也对不住爸妈）。

那么，身为职场妈妈的我妈妈，搭配一个工作勤力的我爸爸，他们是如何做到的呢？

01_

先说说，我爸妈很忙这个事实。

1979 年，知青返城，他们从江西农村回到了上海。

快 30 岁了，他俩只有初中文凭，参加了高考，进入了“文革”后大龄青年们的“业余大学”（小时候，我一直以为父母嘴里的“业大”是“夜大”，因为他们夜里上课）。白天工作，晚上念书，没有长辈帮忙，没有保姆、阿姨，没有冰箱、微波炉、洗衣机，没有嘀嘀专车。

他们做了一个决定，送我去全托，即寄宿幼儿园。那时候是单休，周六傍晚他们把我接回，周日下午送去。也就是说，在 3 到 6 岁的所谓敏感期，我和父母每周在一起的时间只有 24 小时。（我并没有留下什么童年阴影。）

上小学后，我就成为那个年代非常普遍的“双职工家庭胸前挂钥匙的孩子”。妈妈早早教会我划火柴、点煤气、用蒸锅热饭菜、烧开水、装热水瓶。我也会参加课外活动，少年宫、少科站、少年报社……三年级起自己坐公共汽车赶来赶去，他们也从不问我学了什么。

中学后，有一次妈妈路过学校，想接我回家。跑到教室一问，同学们说我在楼上。晚上妈妈问我：“你今天怎么在楼上啊？”我回答：“妈妈，你去了高一，我在高二。”我妈恍然大悟：“哦，你已经高二了！”

02_

一个职场妈妈加一个职场爸爸，教给我什么呢？他们努力赚钱。他们向我示范，生活应该努力，生活值得努力。

成年以后，美国上学时我去蹭社会学的课，课上讲到印度贫民阶层的财务状况。老师问："同学们，有谁能说出自己钱包里精确有多少元、多少分？"

我说："有一次我妈妈从菜市场回来，惊呼一声，'哦，卖鱼的少找我 5 分钱'。而 6 岁的我最深的印象是，哦，我妈妈记得钱包里的每一分钱。"老师特别兴奋找到了一个"穷人家孩子"的样本，佐证了她对印度家庭的研究。上小学的时候，妈妈每天凌晨 5 点起床，买菜，做饭，然后搭单程两个小时的公共汽车去上班。她很少看电视，总是在灯下看书、写字，洗洗涮涮，缝缝补补。他们攒些钱买的大件，诸如 300 元的沙发（我 7 岁）、900 元的冰箱（我 9 岁）、3000 元的电视（我 10 岁）……都是我和弟弟的节日。

我跟着他们感受一次次毕业、考级、升职、加薪、买房、买车等消费升级的成就感。

03_

他们干练多劳。在我心目中，爸妈是万能的，没有什么困难是他们解决不了的。

单位的每个暑假都要粉刷墙壁，人手不够，爸爸就穿上汗背心，自己也上。每当看到白背心上的绿油漆点儿，我就觉得爸爸无所不能。他们是大家庭的小儿子小媳妇儿，却像长兄长嫂。他们去争取为爷爷平反，他们去谈判姑父房子拆迁的赔偿，他们去想办法让知青朋友回沪的孩子能插班上学，他们去参谋填写大表哥的大学志愿……而这份解决问题的见识、能力、经验、人脉，在职场与生活的历练中才能积累下来。

有一天早晨，妈妈告诉爸爸，她做了一个梦，如果家具这样那样摆，屋里就会宽敞一些。

晚上回来，我们惊奇地发现，爸爸一个人把家具按照妈妈的梦境搬了一遍，果然饭桌和沙发前多出了一块小小的空地。至于我爸爸一个人是如何在14平方米的拥挤空间里腾挪那些死沉死沉的家具的，至今是个谜。

爸爸妈妈的口头禅是“自己的事情自己做”和“办法总是会有的”。他们要求我，更要求自己。身为处女座中的战斗机，妈妈告诉我要做一个对生活有要求的人。

10多年后，我读到《干校六记》，杨绛写道：

> 厕所还欠个门帘，我们把秫秸剥去外皮，剥出光溜溜的芯子，用麻绳细细致致编成一个很漂亮的门帘；我们非常得意，挂在厕所门口，觉得这厕所也不同寻常。

我妈妈就是这样的人，可以在撒哈拉里建成罗马，可以在生活中洒上糖。我衣服有补丁，她给我绣上一只小白兔；饭菜不奢侈，但荤素搭配，颜色分明。我同学曾经感叹，你是我见过洗碗洗得最干净的人。嗯，我是处女座妈妈培养的。对于处女座，整洁与妥帖是习惯，是乐趣，更是使命。

生活中的秩序感，构成了我的安全感。因为妈妈示范过，不需要很多钱，不需要很多空间，我们也要有舒适感、有美感。

04_

父母崇拜知识。“万般皆下品，唯有读书高”，并非说这样的价值观就一定正确，但父母是什么价值观，就会给孩子的价值观染上什么颜色。爸爸让家里有种气氛——学习是一件正确的事。在所有亲朋长辈中，小孩子本能地觉察到，爸爸妈妈最尊重在大学里教书的人。

我和先生的成长环境不同，但回忆起来，家里都有很多很多书。长大后，我俩都手不释卷。我们看父母是否看书、如何看书，也看他们如何选书，如何查资料、做笔记，如何与朋友谈古论今。尽管不宽裕，妈妈每周从幼儿园接我回家，路上都会买三本新书。据说有次新华书店已经关门，小不点儿的我捶门大哭，“让我进去，让我进去”，引来路人围观。

一上学，我会了汉语拼音，他们赶紧教我查字典，也终于不用没完没了地给我讲故事了。

父母心中没有课内课外、好书坏书的界限，好像除了《废都》什么书都让我看。品位是“品”出来的，见地是“见”出来的。围棋、网球、绘画、钢琴，我都不会，但我终生感谢他们培养了我的阅读习惯。

书，是最便宜的奢侈品。

我们未必能让孩子体验最经典的博物馆，最顶配的电脑，最豪华的海滩，最好的学校，最贵的夏令营，但我们大部分人都买得起人类最深邃的思辨，最华丽的想象，最珍奇的发现，最震撼的情节，最刻骨的情感。

每当想起这一点，我就会在焦虑中感到安慰，因为，余生有几乎供给不尽的愉悦与惊艳。

05_

我并不是想说，父母不在我身上花时间，或是父母不需要在孩子身上花时间。我也可以长篇大论地讲出许多椎心泣血的故事，以及他们对我的深爱、关注、要求、保护。（妈妈现在说起我第一天去全托幼儿园的情景，都要眼泪汪汪。）我只是说，你看：

- 这是一对在孩子 3 到 6 岁时，就送她去寄宿幼儿园的父母。
- 这是一对从来没有带我去旅行的父母。
- 这是一对忘记我几年级，也说不清会考几门功课的父母。
- 这是一对在职场上，从知青返沪、初中毕业，一步步奋斗到陆家嘴金融贸易区的父母。

他们并没有将人生的时间 100% 用在孩子身上，但他们给了我物质与精神上的安全感与方向感——生活应该努力，生活值得努力，生活可以掌控，生活乐趣不尽。

终究，父母传递给孩子的——

- 不仅是在孩子身上花的时间，还有自己如何度过时间。
- 不仅是和孩子一起做的事，还有自己如何待人处事。
- 不仅是给孩子买的书，还有自己如何看书。

• 不仅是跟孩子说的话，还有（孩子能观察到的）自己如何说话……

终究，孩子获得的不是我们希望的态度，而是我们的态度。

06_

爸爸的“老坦克”自行车是我童年主要的交通工具。我坐前杠，妈妈坐后座，一家三口，神神气气。

后来弟弟来了，爸爸想了想，怎么搞定呢？他让妈妈坐在前杠上，我和弟弟挤坐在后座上。每当从襄阳南路与肇嘉浜路口的缓坡冲下去，妈妈都会高声惊叫，爸爸、弟弟和我会放声大笑。

那是我童年最欢乐的回忆。在那个物质匮乏、一地鸡毛的年代里，他们未曾表现出无力感。他们培养出了正能量的孩子，因为他们正能量。当我长大了，成为一个职场妈妈，我也搭配了一个勤奋工作的老公。我们会内疚吗？会的，我们也在尽力平衡孩子的成长与自己的发展，时不时也有力不从心之感。

环境未必很友善，选择未必都正确。但是，深夜灯下，我和先生达成一点共识——我们努力，我们乐观，我们相爱，我们的孩子大概不会太糟的。

孩子，我可以为你放弃职场，但是等你长大了，你真的希望妈妈这样做吗？你真的希望自己是父母的100%吗？这是激动人心的旅程，对于这道题的答案，我拭目以待。

女性如何兼顾职场和家庭，我已经放弃寻找答案了

作为一个职场妈妈，作为有过麦肯锡、亚马逊、互联网创业公司这些听上去不怎么轻松的经历，我被问过最多的当然是——如何保持职场与家庭的平衡。

问的人当然都是女人。有很长一段时间，我不愿回答这个问题，因为我觉得这种平衡是不存在的。而往往是越没有答案的事，越想继续寻找答案，因为不甘心。

后来，我放弃寻找答案了。

01_

在职场与养娃上，我经历过几个回合。

我曾经以养娃为重，保胎 4 个月，产假休足 9 个月，因为自觉是个没法一心二用之人，要多一点时间适应妈妈的角色。幸运的是，麦肯锡项目制的工作模式能够支持我停薪留职，延长假期。

假期再长，总还要回去上班，谁让你生出了“一台碎钞机”——先不说奶粉、尿布、钢琴、英语，就说父母来同住，这就多了至少30平方米建筑面积的刚需。麦肯锡挺人道的，安排我上了一个不用出差、不用频繁见客户的研究项目，让新妈妈的生活相对可控。（所以这个项目集中了两个孕妇、两个哺乳妈妈）。每天下午3点例会，我在北京，另一个妈妈在台北，准时把自己关进小黑屋，脱下西装，解开衬衫，绑上泵奶器，开会、泵奶两不耽误。戴着耳麦，对着电脑，忽略自己脖子以下正在发生的事。

孩子一岁多断奶以后，我自认为已经亲自把养娃项目带上了正轨，团队（父母、老公、阿姨）集训磨合完毕，我又可以出去大“杀”四方了，从此只要把把方向、抓大放小，给“客户”（女儿）足够多的相处时间、维护好关系就行了。于是我心情愉快地跳槽、转行。先去亚马逊，又跑去早期的创业公司当首席营销官（CMO）。项目平稳运行两三年，“客户”和团队基本满意。

可是，我没有想到的是，这个项目、这个“客户”，她会变的！

她第一年上幼儿园十分顺利，饭量大，笑点低，属于比较讨喜的。但是中班开学后的一天，小人儿从二楼教室“噔噔噔”跑到了大门口，对着门卫要求“警察叔叔带我去找妈妈”。老师追下来、领回去，她又再次冲了出来。

出差在外的我接到电话，当然是一把眼泪一把鼻涕地赶快买票回京。（那天先生的表现很赞，一直在安慰我，没有扩大负面情绪）。

那一阵子，我父母和公婆半年轮岗换人，我家阿姨膝盖受伤回去休养，我的出差正好变多，又赶上升中班换老师。

于是，我女儿的世界变成了——

妈妈不见了！

外婆不见了！

阿姨不见了！

老师也不见了！

我和先生先毕恭毕敬地接受了幼儿园老师“你们家怎么回事”的责问，然后小心翼翼在家圈养女儿10天以修复受伤的心灵，再经历了三周每天一小时左右幼儿园门口的告别安抚，这个坎儿算是过去了。打那以后，这个“客户”的优先级在我这里必须调高了。我也算真正进入养娃和工作排名不分先后的并轨操作阶段。

在跟女儿的亲密陪伴过程中，我不得不承认，陪伴是个极其有用的方法。她不讨厌弹钢琴，但更喜欢在深情款款的被注视下弹钢琴。她喜欢平板电脑里的“某叔讲故事”，但她更喜欢赖在我身上听故事，以及不停地问十万个为什么。

她能问出比较高级的问题，譬如《头脑特工队》中住在大脑里的情绪小人忧忧、怒怒、乐乐的大脑里，是否也各有一组忧忧、怒怒、乐乐呢，我也不由萌生出“是该好好培养”的鸿鹄之志来。

当“如何兼顾”这个问题变得更突出、更明确以后，这个答案，我也基本肯定了。

这个平衡是不存在的。

02_

不存在，因为我们追求的平衡并非仅仅是时间与精力如何公平适当的分配，而是这种适当分配后，两边的结果都要依然很好。

注意是“很好”，不是“还好”。有人说中国当前的主要矛盾是学霸家长和学渣孩子之间的矛盾。我承认学霸家长在接受“还好”而不是“很好”的胸怀方面，还有很大的提升空间。

公平适当地分配，总能做出决定。一天就24个小时，一部分给事业，一部分给孩子，但两边的结果都要依然很好，能保证吗？

如果我说，我知道怎么平衡，但平衡的结果不能保证两边结果都很好，这个答案你喜欢吗？这算有答案吗？所以你看，我们问的并不是如何平衡，而是平衡到都保证很好。

嗯，这个平衡是不存在的。

03_

这个结论，首先基于我对1万小时定理的认知，即要想在某个领域有所成就，必须经过1万小时以上的训练。也有人反对这个定理，但细看之下，反方的意思是“1万小时投入不会有用，1万小时的高质量刻意练习才行”。也就是说，1万小时还不够！

学习如何发生，事情如何做成，能力如何提升，大抵不过是了解、练习、犯错、反思、再来。有些时间省不掉，有些步骤跳不开。

生完小孩后，我一直震惊于人类文明到了这个地步，每个新妈妈还必须把浩如烟海的知识技能从头自学。从喂奶到哄睡，从发高烧到食物过敏，没有一个程序可以把最佳答案直接下载到大脑里。（注意，下载到手机上不能算下载到大脑里。）

女儿两个月大时，有一次连续20天每天腹泻10次以上。我和先生跑了三家医院，共计 10 次，面对大夫莫衷一是的委婉答案、彼此冲突的诊疗方案，我明白了现代医学并不如我曾经以为的那么全知全能。于是，作为养娃这个项目的灵魂人物，每个妈妈都要投入许许多多个 1 万小时，奋斗在这亲力亲为、去伪存真、融会贯通、因地制宜的理论与实践的结合之路上。

人类所有的研究与经验，都是你的资源，但它不会自动生成一个答案，不会自动铸就你的生活，不会自动灌溉出参天大树。

有一天在出租车上闲聊，妈妈忽然说："昨天来给钢琴调音的师傅说，咱们钢琴买贵了，应该买从日本进口的二手钢琴，据说日本牌子供应日本市场的质量最好，二手的还便宜，但要懂的人去挑……"

我说："妈妈，我现在已经回到中学时代了，语、数、英、物、化、生、史、地、政、音、体、美，功课种类特别多。学籍、学区、买房、租房、贷款、装修，阅读、英语、奥数、钢琴、舞蹈、绘画、手工……6 个大人不管谁得了慢性病，我都得学贯中西医，你看，最近我又得研究疫苗了……

"哪个领域都有大量的专门知识，大量的信息不对称。我小时候虽然是学霸，毕竟高考有范围，现在我终于懂了什么叫'知识的海洋'！"

饶了我吧，这海洋我游不动了，这钱就让卖钢琴的人赚了吧。

04_

随着孩子的长大，这个海洋的边界还不断蔓延扩大，尤其是当你刚好生活在有几个遨游得特别欢实的学霸家长中间时。在女儿音乐班上，一个学霸家长介绍经验——为孩子学琴练耳，家里刚换了一台配置高级音响设备的车，行车途中放经典 CD（激光唱片），从而保证她 360 度无死角生活在品质音效中。

作为一个优秀的职业经理人，我的大脑瞬间自动生成了这个项目的思维导图——要买一辆新车，卖一辆旧车，要办理证照保险，要挑选 CD 沿途播放，要准备钱，最重要的是要鼓起勇气，翻过二手车交易、车载音响等多座信息不对称的大山，迅速用知识武装自己，不厌其烦地完成各项后勤手续。

电光火石之间，我和老公交流了一个眼神，心领神会地决定放弃了。你看，我们知道不能什么都想要，但是，你能全部放弃吗？

05_

那么，工作方面这 1 万小时能不能省呢？

任职过麦肯锡、亚马逊，4 年在纽约上市的创业公司，我敢说一句，我见识过“敬业”两个字是怎么写的。但凡做出点成绩的人，谁还没几个悬梁刺股的故事呢。想做好一件事，固然有方法与运气，但时间和心血总是要扔进去的。

一天扔 8 个小时和一天扔 16 个小时的人，能一样吗？不可能一样。那么，积累 1 万小时的速度慢一点，人家花三年，我花五六七八年，行不行呢？

公平地说一句，也许可以。但是更多情况下，并不可以。

• 如果，公司文化整体比较支持女性发展。

- 如果默认夜晚、周末假期是私人时间。
- 如果工作时间、地点有灵活度。
- 如果行业和公司节奏稳定，氛围不是往死里拼。
- 如果你多少积攒了经验能力和信任度，有一些谈判的价码……

如果上述条件成立若干项，职场妈妈的境遇会好很多。但是，这不是中国（和全球）职场的标配，同时我们自己也会出于各种原因，权衡放弃相对舒服的环境。

《疯狂动物城》里兔子朱迪在警官学院很努力，深夜一边做仰卧起坐一边看书，配着很燃的BGM（背景音乐）——这个画面就是大多数老板、团队、客户、投资人对我们的期待。要燃，要很燃，要非常非常燃。那么，一边搂着孩子（更多是被死死抱着），一边回答十万个为什么的妈妈，还能一边看书一边仰卧起坐吗？像陈粒的歌里所唱："看我痴狂，还看我风趣又端庄；要我美艳，还要我杀人不眨眼；图我情真，还图我眼波销魂……"

职场妈妈最后的结果，可能就是这首歌的歌名——《易燃易爆炸》。

06_

我不否认，工作和养娃是有协同效应的，彼此促进。要养娃的妈妈，虽然在职场上心有牵挂，但总体是更珍惜工作的——

要么为了经济原因，我得给孩子更好的条件。

要么为了精神原因，我不能为孩子失去自己。

在工作中，带娃这件事，逼着我这个半辈子从未学会"排优先级、抓大放小、授权团队”的人，不得不开始练习。所以，不算坏事。

身为职场妈妈，也让我和共事的职场妈妈更能协作。我们知道各自的娃每天几点睡，所以几点可以重新上线；我们知道最近谁家的娃发了烧、蛀了牙、配了眼镜；谁老公又出差；谁买房被上家毁了约；谁跟老公、亲妈或婆婆撕了一场……

这一根根的“鸡毛”对工作产生了或大或小的扰动，而职业妇女们相互关照，团结奋进。

在带孩子这件事情上，我用上了在职场中历练出的所有技能。当我 5 岁的女儿流利地说出：“妈妈，明天要交暑期生活的 PPT，文件太大了，你带个 U 盘。”我揉揉眼睛，确定不是我老板附体了吗。可是，即使有协同效应，坦白说，养小孩这件事情也让我成为一个我自己更想成为的人，但并不一定让我成为一个老板更想要的人。

人生中，有的代价你愿意给，也许也给得起，但并不等于没有代价。不要自己骗自己。

07_

所以，我的朋友马曳一向对谢丽尔·桑德伯格的《向前一步》不以为然。她写道：“站在她的位置上说，女人其实可以拥有一切，是一种不负责任的行为。它暗示你如果事业不够强，或者家庭不够好，是因为自己不够强大。

“如果我在她的位置上，那么至少有 98% 的会议我可以自己安排时间，同时，家庭事务里凡是可以用钱解决的问题，一概可以用钱解决。这样的生活，当然会比我们看起来的游刃有余得多。”

确实如此，刚刚退隐的影星安室奈美惠一直是个好妈妈，据说每天早上6点起床给儿子做便当，同时坚持18点以后不安排工作，这些都很值得尊敬。不过，19岁就是明星的她，可以选择少赚一些钱，也可以选择星路不那么红。我等凡人，你跟老板去要求一个18点以后坚决不排工作看看，分分钟你就要失业。

马曳的读者留言里有一条说，“所以，《向前一步》就是以中产阶级女性为目标用户，实际上讲的却是金字塔顶端才能实现的美国梦”。所以，我自觉无论总结什么经验去指导其他职业女性，常见的无非都是“排优先级”“适当外包”“减少焦虑”这些要点，也必然会有“何不食肉糜”的问题。

譬如我自己，一边身心俱疲，一边乐此不疲，无非仗着家里老人健康给力，老公参与度高，有个年中无休的阿姨，以及自己的工作时间有灵活度。有些工种就是不可能每天回家吃晚饭、陪娃哄睡，即使我愿意晚上9点重新上线，做够时间。（即使在两个孕妇、两个哺乳妈妈的项目上，我每天夜里也得12点到家，再泵奶1小时）。

08_

既然平衡是不存在的，我怎么办呢？总不能不过了。我只说一条，就是把所有用来纠结的时间都省下来。

折磨人的总是那种反反复复的自我怀疑。你喜爱工作或者必须工作，找到一个勉勉强强的平衡，然而一有风吹草动，心里又会惊起一滩鸥鹭。

这种风吹草动，包括但不限于：

- 你孩子病了。
- 你家老人病了。
- 你孩子班主任召见你了。
- 你孩子音乐老师说，最好同时学钢琴和小提琴（于是上课接送陪练时间都要翻倍）。
- 仅仅是你女儿“软萌甜糯嗲”地呼唤一声，“妈妈你能多陪陪我吗”。
- 你遇到一个非常想拉黑的客户，尽管你今生今世还从未拉黑过一个人，可这个客户分分钟都在挑战你的底线。

于是你对着 250 条未读微信，忽然小孩让你爆炸的劣迹全都模糊了，你只想回家伺候你的“软萌甜糯嗲”。

可是，你若回家了，小孩重新让你爆炸，也难保看到旧友新知们生气勃勃地晒出工作业绩时，你不会怀念那个如火如荼、意气风发、升级打怪的世界。

就是这样的反反复复。为了解脱自己，终于有一天，我把自己“为什么要工作”的理由写了下来。从此关上这个盒子，轻易不再打开：

- 我已对此做出负责任的思考。
- 我已对此做出负责任的决定。

- 我愿意拥抱它的好处。
- 我愿意接受它的坏处。
- 这未必是最好的决定，但这是此刻我能做出的最好决定。

09_

那么，我认为自己必须工作的理由是什么呢？跟大家也差不多。

第一，我想赚钱。我绝对不算奢侈，但也没打算降低生活标准。让我回家带娃，节衣缩食，穷游欧洲，我不肯。张爱玲写过，“一个人有样本事，总舍不得放着不用”。我也舍不得。

第二，讲真，我工作，对孩子父亲的养家压力小一点。当我站起来想辞职的时候，他总会说：“好，你怎么做我都支持。”那么，我想他也有这个自由这样做。

（上面两条写得较为温婉，帮你画下重点——穷。）

第三，活着总要一点存在感，一点成就感。无论是正式工作还是半夜写公号，都是我不肯因为当妈妈就放弃的自我。这个成就感，光陪伴一个小朋友，我自认并不太够。小朋友长成什么样，也要顺其自然，我这个性格，把所有火力都集中到她身上，她会过得太惨。

第四，每个成年人都有自己的生活哲学，而我总觉得人还是要自己养得活自己的，尤其是中国女性。那么我希望言传身教。

我对全职妈妈没有半分不敬的意思，然而这是我综合考虑了自己的个性、家庭的状况后所做的选择。

也许有一天，想法会起变化：想想以后她要开始上学做功课，顿觉窗外寒风凛冽。但是，此时此刻，这是我的选择，不再纠结。

一旦不再纠结，其余只放在生活管理和自我管理上，持续地摸索、练习和局部优化罢了。

当家事需要我们站起来就走的时候，我们站起来就走，什么也改变不了我们是母亲的事实，不必上纲上线自我怀疑是否足够敬业。（别人怀疑，请自动屏蔽。）

当工作需要我们站起来就走的时候，我们站起来就走，什么也改变不了我们要好好工作的事实，不必上纲上线自我怀疑是否算是称职的母亲。（别人怀疑，也请自动屏蔽。）

2018 年夏天，我早早安排了带妈妈和女儿去度假，临行前公司突然有全天的重要会议。我没有取消休假，只是在湖光山色的酒店里打了整整 9 个小时的电话。

远程开会，效果多少会打折，也多少意味着自己拥有了“她不肯放弃休假”的印象分；虽然休假，也没陪好小孩。我只是已经放弃了豁出去选择其中一边做到极致的姿势。

代价总是有的，我只是接受了它。

夜深人静时，会议结束，娃也睡了，我跑到楼下大堂面对着湖光山色的美景喝了一杯。明天还会来临，会还要开，娃还要醒，但这一杯先开开心心地喝下去。

在这个意义上，我放弃了寻找答案。因为我想通了一桩事情——我要探索的答案，从来不该是如何保证结果“一定很好”的平衡，而是在没有办法保证结果“一定很好”的情况下，依然与世界、与自己和平共处。

悲观中保持乐观，也是一种达观

在某个创业者群里，有个妈妈讲过这样的故事。

每天夜里 12 点，她 5 岁的女儿会准时起床，梦游至她的房间，在她床边握住她的手。全程闭着眼睛，似未醒来，孩子在潜意识中确认，妈妈会回来，妈妈回来了。

听过这个故事的妈妈，无不唏嘘。我有闺密要创业时，我也拿这个故事“吓唬”她，说你要想清楚，鱼与熊掌不可兼得。

加入创业公司前，我也曾经是个一丝不苟“照书养”的妈妈。一怀孕，就阅读《海蒂怀孕大百科》原著；收集各种购物单，拿出做麦肯锡模型的架势，整理上百行的 Excel 表格，力求尽善尽美，哺乳、喂食、睡觉、便溺时间全部表格记录；产假后休了 5 个月无薪假；上班后每天坚持泵奶两小时以上，出差带车载冰盒，最远把泵奶器背到伦敦……

孩子 2 岁时，我跳槽进入创业公司。即使我已经想得明明白白——为什么要坚持一份如此忙碌的工作，但内疚与焦虑依然让我时时冒烟。

有时候，我隐约失落于她对我不再那么依恋；有时候，她舍不得我走，“妈妈再陪我 5 分钟”，哎呀，简直了；朋友圈里她们在带孩子环球旅行，讨论双语教学，研究幼升小、奥数班，我也不免会担心错过什么；发现她多了点小任性，心头一惊，想起一句“隔代带容易太宠”，顿时会质疑自己是否不负责任；甚至旁人一句善意地关心“快回家陪孩子”，我都会不由地心里冒出一股无名火……

经过一年多的心理建设，我渐渐不那么焦虑与在意了。因为，我想明白了比“赢在起跑线上”更重要的 4 件事。

01_
达到最低要求，比最高要求重要

容我引用王占郡先生《让孩子拥有快乐的一生》一书的内容。书中提到“培养孩子成功的标准”（节选）：

- 不生病——没有因为自己照顾不周而出大的健康问题。
- 不犯罪——有大的是非观，不做违法的事。
- 不自杀——青少年时期不出走、不自杀，心理健康。

我觉得太有道理了，因为这些都是底线。

我再补充几条：别在青春期因为好奇心，染上吸毒之类的毛病；别太不幸，遭遇车祸，染上绝症；别太大意把孩子丢了。

我在 6 岁那年被诊断为白血病，因为太过年幼无知，也不觉得恐惧。但据我妈妈说，她知道的那周几乎水米未进，瘦了 10 斤。至今，我闭上眼睛都能想起上海儿科医院的许多细节，因为去了太多次。隐约记得父亲抱着我，妈妈持病历卡，在哭声此起彼伏的候诊大厅等待。

此刻设身处地，想象他们的心情，就觉得孩子能长大成人，少病少灾，已是一种福分。真的。这时候，你觉得什么藤校毕业、多才多艺，都是不重要的。

不犯罪、不自杀，其实不容易，需要很多爱与守护，但想到先做到这一条，压力可能会小些。

02_
遇事挺住，比完美人生重要

2008 年，我在地震灾区工作了一段时间，回来后得了一种后遗症，我称它为“灾难想象症”。从地震灾区归来，我到香港出差，站在中环中银大厦与长江中心路口，心里的想法是：楼倒了怎么办。

前几天，和先生骑车同行，遇到红灯停，我轻轻问他：“你带水了吗？”他有点莫名，其实我只是在等候红灯的瞬间思绪飘开，想到如果地震了该怎么办。

人生有大灾大难，诸如战争、动乱、自然灾害。倾巢之下，焉有完卵。

人生有中灾中难、小挫小劫，诸如高考失利、创业破产、失恋离婚，或是遇到不公平的老师、不靠谱的同事，恋爱碰到渣男，炒股大亏一笔，丢了手机、钱包、身份证，甚至发胖 20 斤。

我们的孩子大约还要活七八十年。想想中国，从 1940 年至 2010 年发生过什么：远有二战，中有“文革”，近有下岗和若干次全球经济泡沫破裂。我们希望或者认为自己的孩子在七八十年中，不会遇到以上任何人生困境，我觉得未免也太乐观。

所以，我真心觉得，她不需要有完美人生，她只需要在遇到重大挫折时，人生不要翻车，能继续乐观上进向前走。考上藤校，没有考不上但自足安然重要。

是的，在我内心深处，以上大灾大难一直时刻准备着。这种准备，是培养孩子能自己刷干净碗、能自己洗干净衣服、能自己动手烧熟饭，无论什么环境都能把生活收拾妥帖。是培养孩子有自己喜欢的东西，也许是小动物、大自然，也许是一点小酒、一点美食，也许是书画音乐、瑜伽打球，也许是《红楼梦》或者《哈利·波特》。

所以，我觉得我负责自己不抱怨、爱生活，手脚稍稍勤快点，别回家赖在沙发上就好了。

03_
不赢也能快乐，比赢在起跑线上重要

我有很多朋友用双语教育孩子，进国际幼儿园，上英语班，早早送出去留学，坚持给孩子讲英语故事，坚持日常生活中英语教学。我没有，我坚持不了（虽然我先生在美国博士毕业，我在美国硕士毕业，我们算得上英语流利）。我们家小朋友三岁半时的英语水平，限于“再见”“生日快乐”“苹果”这些简单词句，且是北京口音。

我总是安慰别人，“我 12 岁开始学英语，也藤校毕业了”。然后就会有人对我说：“他们的时代不同了，起跑线不一样了。”然后，我就会说：“我 1978 年出生在改革开放尚未开始的中国，数以千万与我同龄的孩子出生在中国香港、台湾和欧美，生活与教育环境比我优越。此时此刻，以世俗标准，我未见得没他们成功；以内心判断，我未见得没他们快乐。”

与我女儿同龄的中产阶层家庭的孩子，此时此刻有数以千万出生在比帝都更好的环境，上更好的学校，有更悉心的父母。我女儿长大后，未见得没他们成功，没他们快乐。

孟母三迁，就是把孩子的起跑线挪得“靠前”一点。你能挪多远，挪到哪儿，她就必然一生无忧了？不挪了，你怎知她就不快乐呢？是的，我们可以将整个人生当作一场生死决战，更成功、更优秀一点，就多一分生存下去的机会，多一份快乐无忧的可能。但是，我承认在这个竞技场上，我早就输过，我一直在输，我“比下有余”，“比上远远不足”。年近四十，收入比我高、房子比我大、学问比我深、事业比我有成、魅力比我足的人，我认识太多了。可是，我敢说自己也蛮快乐。

那么，我为什么非要女儿英语流利，比别的孩子跑得更快一点呢？

04_
拥抱天性，比统一标准下的赢重要

孩子出生时，我在月子会所住了几周。十几个婴儿，出生才三五周，个性已然不同。当时我都惊了，为什么有的孩子可以那么安静地玩自己的手指好一会儿，而我女儿只要醒着，唯有立着抱起来、到处溜达东张西望才能不哭！

他们才多大，谈不上什么培养，都是基因吧。我由此明白，我们能控制的其实是有限的。

我穿衣服是无印良品性冷淡风，衣柜打开黑白蓝灰，老公也被我捯饬成这样。我也试图照着这个审美来打造我女儿，然而她从婴儿时就强烈地偏爱红色、粉色、大花。如果长大了，她爱戴金晃晃的大金链子，我也得接受，是吧？

我是个工作精细的人，是个格式控。这未必全是好事，但在学业上、职场上确实受益于这种性格。这固然与我处女座妈妈有关，但我记得，我小学一年级就自觉地用尺子量着画加号、减号、等号。老师与父母不曾这样要求我，这大约是骨子里带来的。也因为这种天性，我中规中矩、按部就班，喜欢读说明书与帮助文件，不擅长自己摸索，不擅长异想天开，在跨国公司的流程中被精细训练，安之若素。

女儿若不像我，将来粗枝大叶、天马行空一些，也未必是坏事，未必不“成功”，未必不快乐。

我在职场上，好喜欢和我一样责任感强、做事精细、力争上游的孩子。我也好欣赏在某些方面比我强的人，诸如大局观、判断力、拿得起、放得下。但终归，命里无时不强求，时至中年，我接受自己的样子，我也接受自己孩子的样子。

所以，每当我焦虑时都会重温这几条。人生漫漫，七八十年，大灾大难，小挫小厄。我放低要求，她平安健康长大即好。我自己乐观点，不抱怨点，她也会在遇到困境时觉得没什么大不了的。

万物有灵，万物皆美，如果她能在一花一木、一草一叶、一粥一饭中，找到一两样物或事，品之津津有味，就很完美了。这一两样物或事，或许能让她在孤独寂寞和狼狈困逆中，有继续生活下去的乐趣与勇气。

我对这个世界悲观吗？有一点儿，似乎处于一种对灾难、危机、痛苦、创伤的防御性姿态中。然而，在悲观中保持乐观，也是一种达观。因为我深深明白一点，焦虑本身并不会让我们过得更好。

随着孩子的长大，我对她的观察越多，我越发现陪伴是有帮助的方法。只是，陪伴本身，不是为了对她进行“赢”的训练。

因为，孩子一生的成长不在于相对的输赢，而在于输了、赢了依然能够收拾起心情与行囊，拥有继续向前的乐观与勇气。

如果生命还有 30 天，我给女儿的遗言

亲爱的宝贝：

我一直以为，自己会有漫长的岁月陪伴你，见招拆招。

你的未来还这样长，变量太多，不确定性太强。我说什么真能对你有所帮助呢？又有什么人生箴言，可以放之四海而皆准呢？那些大道理，例如热爱与勇气的重要性，想必你自然会领悟到。

思考良久，我决定跟你讲讲，妈妈从小遇到的隐秘的痛苦。

光荣与热爱，总是在阳光之下，而痛苦与纠结，时常会隐藏在内心里。会跟你坦白的人，也许不多。

你是我亲爱的小孩，所以让我跟你讲讲我的这些挣扎，以及我怎样与它们相处。

6 岁

我幼时最大的恐惧来自死亡，因为我在那一年被诊断为白血病。

照理说，6 岁的孩子并不太懂什么，真正痛苦的是父母。

但那时，中国正在播放一部家喻户晓的日本电视连续剧《血疑》，于是，在大人的只言片语间、在医院的抽血验血间，我知道自己得了什么病，以及可能的结局。据我妈妈、你外婆说，我跪在床上，请求上天不要让我死去（天知道我是怎么学会祷告的），让大人们泪流满面。

如你所知，两年后，我被确诊为再生障碍性贫血，虽然还是重症，我活下来了。

宝贝，你知道，死亡从未离开。这个世界，这个城市，某个街角，悲剧时时刻刻在上演。也许是一场恶疾，也许是一场事故；也许是偶然，也许是宿命。若你生活在古代，或是出生在战火纷飞、贫困至极的国度，也会有极大的概率活不到成年。

那么宝贝，生命本身就是礼物，活着本身就是意义。我们也许会经历很大的创伤与损失，但是活着，日光、树木、书本、音乐、游戏、食物……种种生活中几乎唾手可得的东西，让我们感受到愉悦与意义，这本身就值得庆祝。

如果这一切暂时让你觉得失去愉悦与意义，妈妈很想请你相信，你会重新找到的，而活着就是这种可能性的前提。

我还想跟你说说，这事对你外婆的影响。等我自己有了你，我发现外婆在收到诊断时居然没有崩溃，这真是奇迹。据说她几乎水米不进，一周瘦了10斤，但她迅速决定放弃二胎指标。那时候中国有独生子女政策，而唯一的孩子罹患绝症意味着她被允许再生个孩子。可她觉得，以当时的经济水准与时间精力，要二胎就意味着放弃了我。

她身上有无与伦比的盲目的乐观和勇气。你看，我们家外婆从不抱怨，对吧？她觉得什么不好，就马上着手改善。

嫌弃我们家厨房太脏了，她就动手擦洗，多说无益；买错了衣服，放着、送人都可以，多说无益；孩子得了重大疾病，摊上就摊上了，检查、打针、省钱买药、哄着吃药、托人找医生，为了让我胃口好点，苦练厨艺呗。

咱俩要相信，外婆的乐天行动派的基因多多少少写在了咱俩的“出厂设置”里。无论遇到什么困难，她可以，咱俩也可以。

10 岁

我 10 岁时最大的敌人是练书法。铺上软毡和纸，悬肘写大字。每天两小时，连续三年。要命的是，外婆会虎视眈眈地盯着我，我经常边写边哭，边哭边写。

10 岁时我们搬家了，远离了书法班，也许大人与孩子都已筋疲力尽，我们就心照不宣地放弃了。我高兴坏了。直到 14 岁时，我们又搬家整理东西时，我翻出一叠字。

我问外婆：“这是我写的吗？”外婆说：“当然是。”

我惊呆了。

14 岁，我有了判断力，那些字写得已经非常好了。作为外行，我看不出和字帖有什么不同。三年，也许不是完全白练的。让我震惊的是，我一直以为我自己写得非常糟糕。因为我的爸妈从来没有夸奖过我的书法。毕竟，初为父母的他们也还年轻。

如果我得到一些鼓励，也许我会坚持下去，慢慢走进一门艺术的领地，不会整个青春期都觉得自己一无所长。你知道的，我对自己双手创作的东西总是饶有兴味。用亦舒的话来讲，“娱人娱己，不知有多开心”。

所以，宝贝你看，别人的评价也许会是错的，即使是大人。在以后的路上，请你自己判断你喜不喜欢，你能不能行。

而你喜欢的任何东西，如果想得到更多乐趣，都需要再多一点坚持。

16 岁

那时候，我最大的烦恼是不够漂亮。我微胖，矮小，戴眼镜，衣着朴素。这世界上，真心实意觉得我漂亮的人，我只遇到过两个，一个是我妈，一个是你（5 岁以前的你）。

这其实困扰了我的一生。是的，我也梦想成为颜值超高、万般宠爱的公主。当我发现，你可能是个很漂亮的孩子时，我觉得自己幸运极了。小时候的你，确实是那种电梯里、地铁上都会被赞叹好看的小孩，附带路人用怀疑的眼光打量这对实在不怎么漂亮的爹妈。于是，这些夸赞让你长成了一个知道自己漂亮，又对自己的漂亮非常在意的小姑娘。有次我在芭蕾舞教室的窗外，看见你坐在镜前，拉开舞衣的领口，露出整个肩膀。4 岁的你在模仿《阿拉丁》里茉莉公主那种一字领的造型，我笑出了声。

妈妈希望你一直美丽，可我也想告诉你：

其一，美丽是可以经营、可以塑造的。

虽然妈妈没有动过刀、染过发，一年四季牛仔裤，最贵的包包不超过 2000 元，但我丝毫不介意你选择什么方式让自己更加美丽自信，只要你觉得快乐与值得。想做什么就去试试，如果是不可逆的选择，就稍微慎重一点。

其二，不特别美丽，真的不影响你获得异性的好感、世界的欣赏和最终的幸福。

我当然是喜欢漂亮男生的，跟他们说话会脸红心跳，我也非常羡慕那些漂亮的女孩子。温柔如水的，鲜艳明亮的，我都羡慕。但是，从小不怎么漂亮的妈妈，也有精彩的恋爱和热烈的生活。我不得不相信，一定存在可以超越容颜的其他魅力，即使是对青春期的男性而言。

宝贝，你看，幸福和颜值不完全挂钩，愿你喜欢自己的样子，也活成自己喜欢的样子。

26 岁

那年我进入了麦肯锡——一家全球最好的咨询公司。我最大的恐惧是，26 岁，我太老了。

大学毕业后，我念了三年硕士。很多同事本科毕业就开始工作，或是经过只有一年或两年的硕士项目。

于是，待我进入职场时，觉得自己落后了一大步。

0 与 1 有本质的差别。在职场历练过一两年的同龄人，真是得体干练。而我从外形到谈吐都很生涩，不自在，不自信。

有整整两个月的时间，我干杂活，没有项目组肯要我。第一次上项目，我又在压力之下哭着冲出了会议室。

年轻时，你对半年一年、两岁三岁的差别会很敏感。别人 25 岁时所有的、所会的，如果你没有，就会倍感焦虑。

可是宝贝，这可能是最无谓的恐惧。在稚龄时，大人们只能根据你们的年龄，把你们归类在一起。一旦长大了，真正重要的事情只有一件，那就是“你想成为什么样的人，做什么样的事”，与年龄关系不大。

妈妈后来在 32 岁时出国读 MBA，同班同学大多二十七八岁，难道这样我就不去读了吗？我读得开心极了，因为 32 岁的我比 31 岁的我更接近我想要的生活。

在向前奔跑的路上，你跑多快、多慢、转几次弯、摔几次跤、停下来休息多久，都是你自己的人生。

关于这一点，我决定就此打住，因为我年轻时也听不进这样的话，对我喋喋不休也不能改变。我只希望你，偶尔会想起。慢慢来，做自己（take your time, be yourself）。

30 岁

当时，离婚已经被普遍接受了，并不羞耻，但是这依然被认为是一种失败的状态。

关于离婚，我并不特别在意别人怎么想。我陷入痛苦，是因为不知道自己是否还会获得幸福。在我想象的幸福中，从来都是有一个你爸爸这样的伴侣和一个你这样的女儿的。

我那么渴望，又觉得那么渺茫。我天生是一个容易高兴、容易热情的人。然而，30 岁时这种魔力从我身上消失了，仿佛某些激素发生了变化。

离婚 10 年之后，我发现，这是种诅咒，也是个礼物。我被迫练习如何在痛苦中保持平静与希望，当我有了这种能力后才发现，这让我不再恐惧。因为快乐的路径掌握在我自己手里，而不再交付命运。

所以宝贝，妈妈当然希望你永远幸运，但这个希望未免太过虚无。我想告诉你，如果发生了你觉得受不了的事，你要相信，它会过去，因为你比想象中的更加强大。

你会痛苦，但不需要着急好起来。试试寻找，徒劳也行，直到有一天，答案会出现的。

36 岁

那一年，妈妈迎来了焦虑大爆炸。有意思吧，因为那一年，我拥有了曾经想要的一切。

比方说，我见识了中国和美国最好的学校；我换了工作，确认了自己可以继续学习；我身体健康，衣食无忧；我有非常相爱的先生，非常可爱的女儿，非常和睦的父母与公婆。

然后呢？宝贝，在那个时候，妈妈按照一个中国好女孩的脚本，跑到了好像应该就此幸福生活的结局。

我这下发现，欲望之后有新的欲望，焦虑之后有新的焦虑。

比方说，北京为什么要有雾霾，你戒不掉奶嘴怎么办，该给你上公立还是私立学校，我工作那么忙怎么做个好妈妈，我们要不要第二个孩子……

原来，这场长跑是没有尽头的。

原来，内心的快乐与你跑到哪儿并没有直接关系。

于是，我开始了一场探索“世界到底是怎么回事，我到底是想成为怎样的人”的漫长过程。这个过程，至今还在持续。

让我就写到36岁吧，后面的问题与答案，也许要过很久，我才说得清。

生死、美丽、感情、事业、财富、孩子，都在妈妈的焦虑清单上。但是你看宝贝，带着这些焦虑与挣扎，我依然深深地感受到幸福，感受到人生的意义，在每一天。

这或许就是生活本来的样子。

来日方长，无论发生什么，愿你拥抱它。

你的妈妈

2018年11月30日

人世繁华，生命绚烂，
我们终究只能活出自己的颜色。

题目会一直这么难，
而且永远没有正确答案。

我们，只好，
勇敢地走下去。